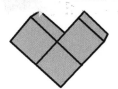

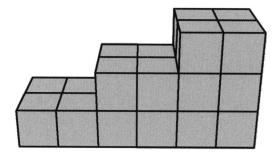

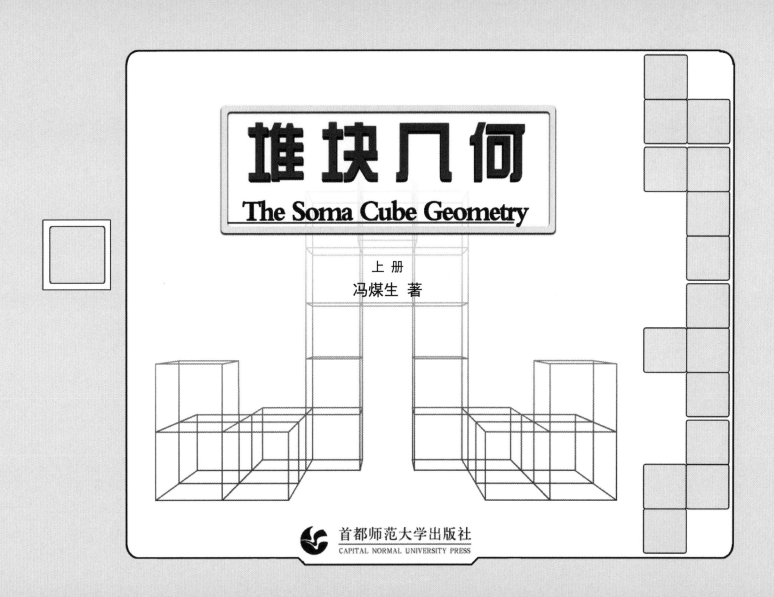

堆块几何
The Soma Cube Geometry

上册

冯煤生 著

首都师范大学出版社
CAPITAL NORMAL UNIVERSITY PRESS

图书在版编目（CIP）数据

堆块几何 : 全二册 / 冯煤生著. -- 北京 : 首都师范大学出版社，2022.10
ISBN 978-7-5656-7226-2

Ⅰ．①堆… Ⅱ．①冯… Ⅲ．①初等几何－基本知识 Ⅳ．①O123

中国版本图书馆CIP数据核字(2022)第185367号

DUI KUAI JI HE
堆块几何（上册）

冯煤生　著

责任编辑　刘群伟
首都师范大学出版社出版发行
地　　址　北京西三环北路105号
邮　　编　100048
电　　话　68418523（总编室）68982468（发行部）
网　　址　http://cnupn.cnu.edu.cn
印　　刷　北京印刷集团有限责任公司
经　　销　全国新华书店
版　　次　2022年10月第1版
印　　次　2022年10月第1次印刷
开　　本　710mm×1000mm　1/16
印　　张　19.25
字　　数　170千
定　　价　60.00元（全二册）

前　　言

如果说玩积木是人生第一次接触几何，那么，多数人再次接触几何则要等到初中学习平面几何。中间这段时间除了解一些简单几何形体的知识，包括面积和体积，之外，没有真正的几何学内容。中学的平面几何与立体几何都来自欧几里得几何，欧氏几何是古埃及与古希腊上千年几何知识的总结与提升，是公理化方法的典范，内容有一定难度，容易造成学习分化；因此，需要一种过渡的，将玩与学结合起来的几何学习内容。堆块几何填补了这个空白。

本书不是介绍摆放形体的思维与操作技巧，而是诠释一种重要的科学方法——公理化方法。把简单的积木摆放游戏提升为使用规定工具和公理化方法，需要思考、探究与创造的趣味几何研究。

简单、容易的事情是无趣的，这就是脱离幼儿期的儿童不再玩积木的原因。堆块几何要让人们，不只是儿童，重新玩积木，并在玩的过程中体验思考、研究与创造的有趣过程。

全书分为上下两册，上册《堆块几何基础》介绍堆块几何概要和公理化方法所需的定义、规定、公理及公设；对问题与命题，思维与操作的关系给出简明的解释；通过明确空间形体的形状概念、给出形状变换想象与操作的符号表示，展开对空间想象与思维能力的训练内容。下册《堆块几何入门》展开堆块几何的学习内容，包括命题的分析与证明，堆块形体的设计、研究（随块数增加而深入）、创造和结构记录方法；作为给教师的建议，还介绍了创建堆块学园和互动学习社区的方法。

上册从第0章至第5章。第0章介绍作为公理化方法教学资源的堆块几何，包括数学元素的引入、符号记录方法、内容提要与教学功能。第1章给出堆块形体构建工具和方法的定义与规定。第2章介绍堆块几何的公理、公设和命题。第3章涉及发现问题与提出命题的方法，介绍了问题与问句的相关知识。第4章分析了摆放堆块形体时的思维与操作及其相互关系。第5章介绍了堆块形体的形状变换和利用这种变换培养空间想象力的空间思维训练方法，为进一步展开学习内容奠定基础。

下册从第6章开始，介绍了堆块几何证明的公理化方法和通过分析与思考完成求知任务的过程。第7章涉及堆块形体的设计与思考，通过区分设计与涂鸦行为，使堆块积木摆放游戏成为一种设计与研究活动，第8章通过平面形状与立体形体的设计、证明与猜想，展示了堆块几何的学习内容。第9章介绍了立体形状的记录方法、堆块形体的三视图判断和形体内部结构的分层记录方法，为堆块几何研究成果的交流奠定了基础。第10章展开了不同难度堆块形体的构造和创造研究，介绍了创建堆块学园和互动学习社区的方法。

在很多科学家眼里，科学就是兴趣的乐园，他们就像充满好奇心的天真孩子，兴趣和爱好引导他们作出非凡的发现与创造。堆块几何就是要让更多人体验这种乐趣，理解并尝试探索、发现与创造的人生，成为有科学品位的人。

著　者
2021年11月于首都师范大学

目　　录

堆块几何

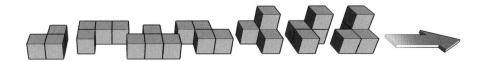

几何学的伟大之处在于，它能用如此少的原理推导出那么多的内容。

——牛顿

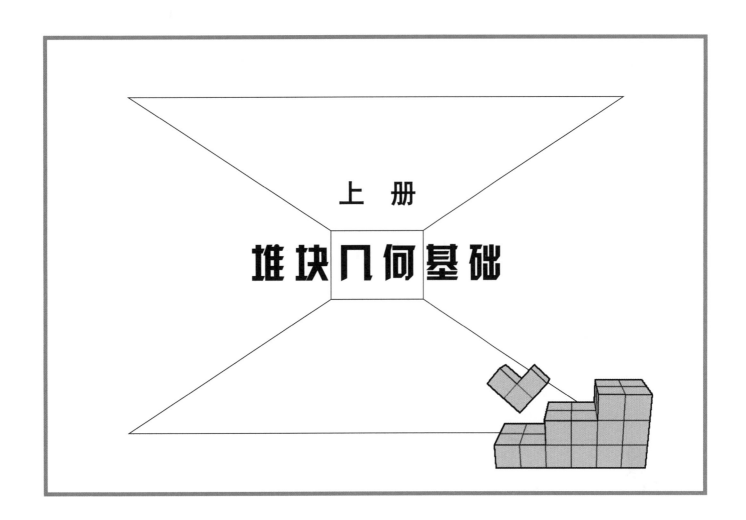

上 册

堆块几何基础

第 0 章

什么是堆块几何？

本 章 导 言

　　提到几何，上过学的人就会想到平面几何与立体几何，知道那是关于图形的学问，记得有公理、公设、定理和证明。如果要问积木与几何有什么关系？结论就是：积木给孩子提供了一些对几何形体的感性认识和相关形体与形状的名称。本书要介绍一种作为公理化方法教学资源的几何，它是积木游戏的提升，通过引入数学元素来实现。本章将介绍这些元素和相关的学习内容，特别是公理化方法，并且在公理化方法教学资源层面比较欧氏几何与堆块几何，使读者对堆块几何有一个整体的了解。

0.1 积木与几何

　　如果说玩积木是人生第一次接触几何，那么，可以把这种接触所涉及的几何内容称为**积木几何**。它的内容就是对几何形体的认知和模仿搭建。回想一下玩积木的往事，我们的记忆中有搭房子、摆城堡、摆动物造型和建高楼等。图0.1给出了一些积木造型。

　　儿童用积木模拟搭建生活中所见和自己所想的各种形状，由此来认识几何形体。他们通过玩积木触摸到正方体、长方体、圆柱体和棱柱体；知道了正方形、长方形、圆形和三角形；感受到垂直与倾斜的不同状态在重力作用

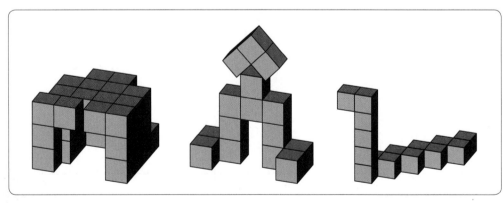

图0.1

下的不同结果。当然，玩积木的内容还不止这些，当儿童搭建好城堡之后，积木块可能就会变成炮弹，用来击倒他们的城堡，享受破坏的乐趣。

由于摆积木游戏的内容过于简单，智力投入少，不能满足儿童智力发展的需求，所以，孩子们上学以后就不再玩积木了。再一次接触几何要等到初中学习平面几何。在这期间，虽然会学习计算一些简单几何形体的面积和体积，但那不是几何学的本质内容。

0.2 堆块几何是积木游戏的提升

为了将积木摆放游戏提升为堆块几何，我们限制了堆块的形体和数量，给出堆块形体的记录符号（图0.2），规定了合理的摆放方法。正如合理的思维要符合逻辑，合理的摆放要服从重力，因此要求摆放的堆块形体能够立得住，所有接触面由组成堆块形体上的正方形组成，如图0.3所示。

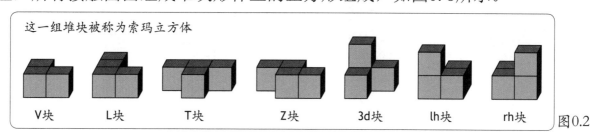

这一组堆块被称为索玛立方体

V块　　L块　　T块　　Z块　　3d块　　lh块　　rh块

图0.2

因此，用堆块搭建形体不能胡思乱想、随意摆放，而是需要观察思考与想象，推理判断与设计；摆放堆块积木的游戏也提升为空间思维和逻辑推理能力的培养与训练。

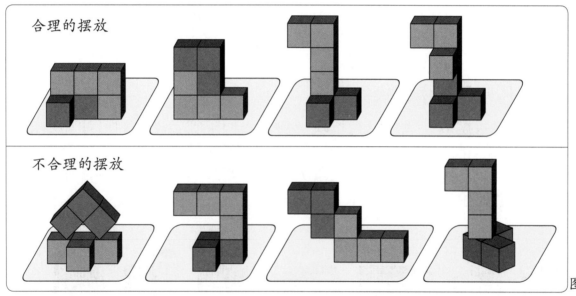

图0.3

设想摆放形体与思考摆放方法是堆块积木的游戏内容，上述的限制与规定使堆块摆放游戏提升为几何学研究。

0.3 堆块几何中的数学元素

引入堆块摆放游戏中的数学元素有：命题、证明、形状变换和符号表示等，具体内容如下。

■**将形体的摆放任务称为命题。**如图0.4所示。

图0.4

■**将实际的摆放方法和摆放过程称为证明。**如图0.5所示。

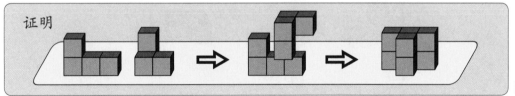

图0.5

■ 把对堆块的转动和翻动操作行为称为初等变换，并用符号记录这些操作变换。如图0.6所示。

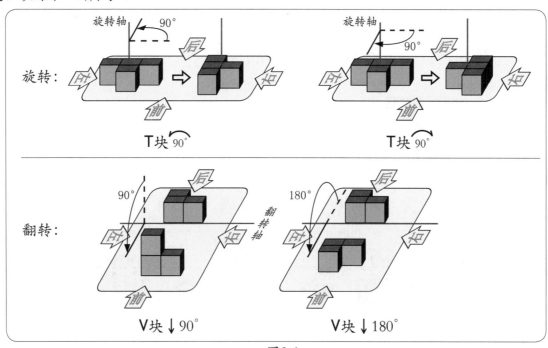

图0.6

图0.7展示搭建操作的步骤和符号记录的方法。

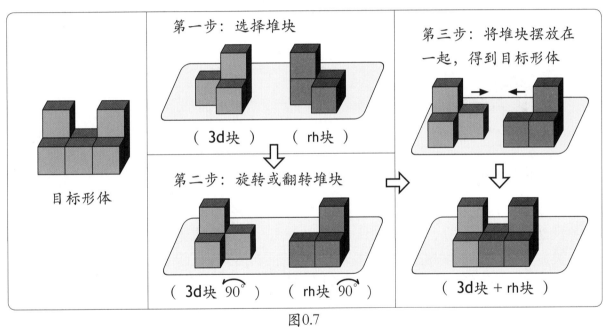

图0.7

■创设分层记录法记录立体搭建结构

　　用平面图形记录立体空间的搭建结构，使研究者能够记录和交流自己的搭建成果，如图0.8所示。

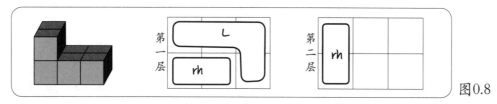

图0.8

0.4 从游戏到几何研究的转变

　　以定义、公设、公理、命题、猜想和定理的方式理解玩法、发现问题、提出设想、动脑思考、动手操作、发明创造，使堆块形体的摆放游戏趣味无穷，使游戏过程提升为用公理化方法解决问题的研究过程。

　　下面的一系列图示是将游戏玩法转化为公理化方法的具体内容展示。

■ **发现问题**

改变摆出形体中的一个或多个堆块，是否还能摆出原来的形体，如图0.9所示，这就是同形异构问题（见第10章）。

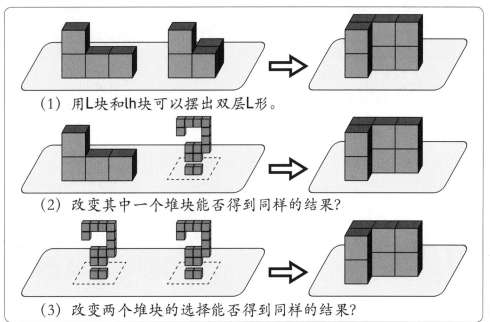

(1) 用L块和lh块可以摆出双层L形。

(2) 改变其中一个堆块能否得到同样的结果？

(3) 改变两个堆块的选择能否得到同样的结果？

图0.9

■提出堆块形体设想

归纳已有形体，提出形体设想，如图0.10所示。

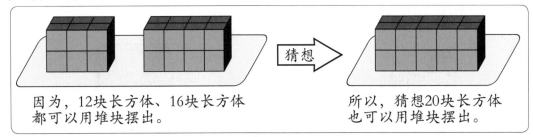

因为，12块长方体、16块长方体都可以用堆块摆出。

所以，猜想20块长方体也可以用堆块摆出。

图0.10

■动脑思考，动手操作

将思考的形状变化通过操作堆块摆放出来，如图0.11所示。

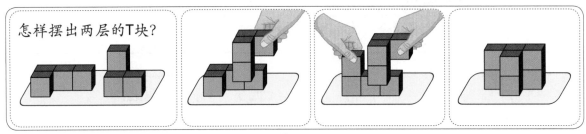

怎样摆出两层的T块？

图0.11

■用公理化方法完成摆放任务

公理化方法（图0.12）：利用旋转和翻转改变堆块形状摆出目标形体。

非公理化方法（图0.13）：破坏堆块形体结构，用粘接或磁吸等方式摆出目标形体。

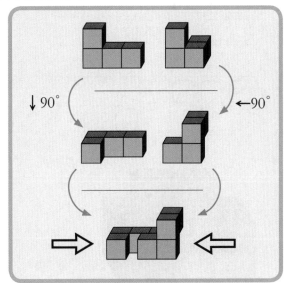

图0.12 公理化方法

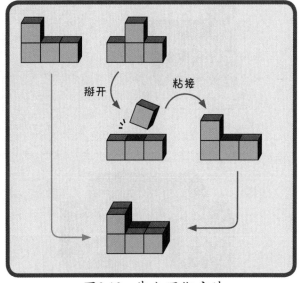

图0.13 非公理化方法

■发明创造

发明新的摆放方法，如图0.14所示。创造新的堆块形体，如图0.15所示。

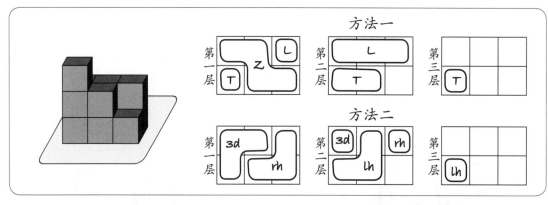

图0.14

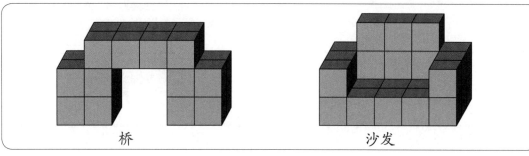

桥　　　　　　　　　　沙发

图0.15

0.5 公理化方法

■公理化方法的创立

人生总会面临很多判断，无论做什么，人都要判断，而且需要正确的判断。如图0.16所示。

怎样得到正确的判断呢？可以自己试，也可以听别人讲，还可以寻求神明的启示。

哪个罐子能够装下袋子里的粮食？

图0.16

自古以来人们一直在寻找一种可靠的、能够获得正确判断的方法。

终于，在公元前300年左右的时候，古希腊的欧几里得创立了一种公理化方法并且应用这种方法创作了一本总结前人几何知识的著作：《几何原本》（如图0.17所示，名画《雅典学园》截图）。

图0.17

公理化方法如下：

1. 通过定义明确研究对象，欧氏几何研究对象包括：点、线段、面、圆和用直尺、圆规所作的几何图形，如图0.18所示；

2. 给出一些关于研究对象公认正确的公理和公设，如表0.1所示；

3. 从所给的公理、公设出发，利用符合逻辑的推理，判断有关图形问题结论的真、伪与对、错。

人们后来将《几何原本》所涉及的内容称为欧氏几何，虽然欧氏几何的公理和公设都是关于平面的，但是却可以通过截面来研究立体几何形体的问题（如图0.19所示），可见这种方法的效用之大。

自欧氏几何创立以来，在2000多年的时间里，人们确信它的结论是我们生活的物质世界图形性质的真理。直到1800年左右，非欧几何的出现才有了一些新的看法。

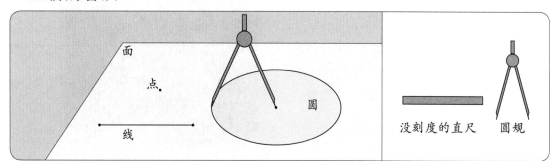

图0.18

表0.1

Euclid公设	Euclid公理
1. 从任意点到另一点可作一条直线。 2. 线段可以沿所在直线沿长。 3. 以任意一点为心和任意距离为半径可以作圆。 4. 所有直角都彼此相等。 5. 过直线外一点只有一条直线与该直线平行。	1. 等于同一个量的量彼此相等。 2. 等量加等量,其和相等。 3. 等量减等量,其差相等。 4. 彼此重合的东西,彼此相等。 5. 整体大于部分。

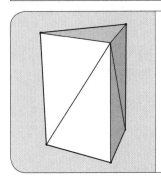

《几何原本》第十二卷

命题7

任一以三角形为底的棱柱可被分为三个彼此相等的以三角形为底的棱锥。

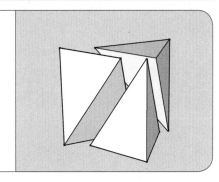

图0.19

公理化方法自创立以来,受到真理追求者们的普遍推崇,牛顿的力学理论体系、爱因斯坦的相对论理论体系都是利用公理化方法建立的。

■公理化方法的教学

公理化方法作为一种重要的科学方法已经成为初等教育的必修课程。长期以来，欧氏几何，包括平面几何与立体几何，被认为是学习公理化方法的最佳内容。因为，欧几里得就是利用这些内容在《几何原本》中创立了公理化方法。更重要的理由是欧氏几何，按照牛顿的老师 Isaac Barrow 的观点来讲：概念清晰，定义明确，公理直观可靠且普遍成立，公设清楚可信且易于想象，公理数目少，引出命题的方式易于接受，证明顺序自然，避免未知事物。

但是，欧几里得几何作为古埃及和古希腊上千年的几何知识的结晶与提升，还是有一定难度的，其命题的证明难度可以挑战任何数学家（如图0.20所示）。所以，在学习平面几何的时候就容易产生学生的成绩分化。

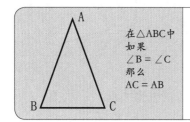

在△ABC中
如果
∠B = ∠C
那么
AC = AB

欧式几何命题

如果在一个三角形中有两个角相等，那么这两个角所对的两条边也彼此相等。

图0.20

0.6 作为公理化方法教学资源的堆块几何

堆块几何是采用公理化方法的一种游戏。它的思维与操作的对象更加直观简单，如图0.21所示，它的公理与公设的数目只有3条（表0.2所示），而且更直观、可靠、可信且易于想象，没有未知事物。由于学习内容几乎不需要任何知识准备，难度降低，因此，更适合低年级的学生学习。堆块几何可以作为学习公理化方法的一种新的教学资源。

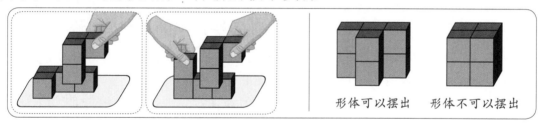

形体可以摆出　形体不可以摆出　图0.21

表0.2

堆块几何公设	堆块几何公理
1. 只有用操作规定 1 和 2 的操作方法摆放堆块才是合理的。 2. 只能用已经定义的 7 种堆块摆放形体，而且每种只允许使用 1 次。	堆块形体可以摆出自身的不同形状。

　　欧几里得几何好比大树，其中的图形知识是古埃及、古希腊上千年的研究成果和知识的总结与提升。学习欧式几何需要一定的心智发展水平：包括抽象思维能力、逻辑推理能力，需要付出精力和时间。学生要到初中才会开始这种严谨的学习过程。

　　堆块几何好比树苗，其中的形体知识是在幼儿时期玩积木的基础上，按照规定的方法操作与摆放堆块的实践总结。理解这些知识和操作方法只需要基本的心智发展水平，适合低年级的学生。学习过程虽然也需要付出精力和时间，但却像玩积木游戏一样，是一种令人无法拒绝的心智游戏。

　　学习欧几里得几何可以培养逻辑思维能力、图形认知和想象能力，体会公理化思维方法，了解科学研究的过程与规范。

　　学习堆块几何可以培养形体认知和空间想象能力，了解逻辑思维过程，体会公理化方法，体验学术研究的过程与规范。

　　表0.3给出了欧氏几何与堆块几何的基本要素比较。

表0.3

欧氏几何公设	堆块几何公设
1. 从任意点到另一点可作一条直线。 2. 线段可以沿所在直线沿长。 3. 以任意一点为心和任意距离为半径可以作圆。 4. 所有直角都彼此相等。 5. 过直线外一点只有一条直线与该直线平行。	1. 只有用操作规定1和2的操作方法摆放堆块才是合理的。 2. 只能用已经定义的7种堆块摆放形体，而且每种只允许使用1次。
欧氏几何公理	**堆块几何公理**
1. 等于同一个量的量彼此相等。 2. 等量加等量，其和相等。 3. 等量减等量，其差相等。 4. 彼此重合的东西，彼此相等。 5. 整体大于部分。	堆块形体可以摆出自身的不同形状。
欧氏几何的图形与画法	**堆块几何的形体与摆放**
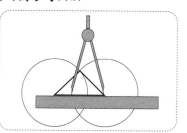	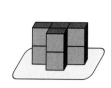

第 1 章

堆块几何的定义

本 章 导 言

　　科学是严谨的，欧几里得几何所开创的公理化方法是这种严谨性的典范。欧几里得在《几何原本》的开始部分就规定了绘制图形的工具：直尺和圆规，并且给出了一系列有关图形的定义。

　　为了将带有随意性的积木游戏提升为严谨的堆块几何，本章规定了搭建形体的工具和操作方法：定义了7种堆块和2种摆放方法，给出了堆块的名称和符号。依据堆块的形状和组成对它们进行了分类并且给出了分类的名称。本章还定义了作为搭建成果的堆块形体，并且区分了堆块形体与形状这两个概念。

　　本章为堆块几何规定了语言文字和符号，使人们可以清晰准确地表达、交流有关堆块几何的信息。

1.1 堆块形体

立方体是由正方形围成的六面体（如图1.1所示），本书简称为**方块**，或者**单元块**。

单元块组成的形体，如图1.2所示。这种形体是想象中的，现实中要得到这种形体，需要使用粘接或磁力吸引等方法将单元块连接在一起。

单元块堆成的形体，如图1.3所示。这种形体是利用重力作用将单元块码放在平面上得到的。要求就是将单元块码放整齐，不掉下来。

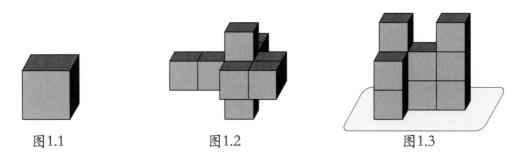

图1.1　　　　　　　图1.2　　　　　　　图1.3

如果使用单元块，上述两种形体都容易搭建，只要有需要搭建的形体图就可以了。请判断图1.4中给出的图形都表示什么形体。

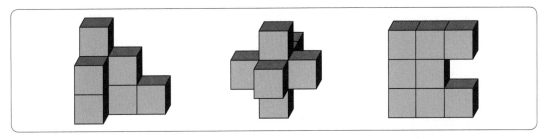

图1.4

　　堆块形体是使用我们下面要定义的七种堆块，依靠重力作用在平面上摆放的形体，如图1.5所示。本书所涉及的堆块只有这七种，如图1.6所示。下面定义它们的名称。

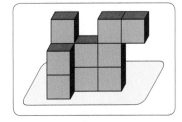

图1.5

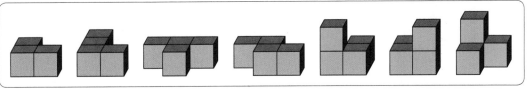

图1.6

定义1 V块是图1.7所示的堆块，记作：**V**。

图1.8展示不同视角的V块形体的不同形状。

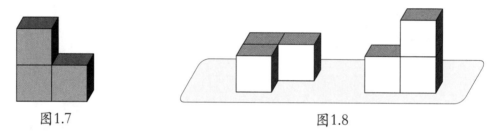

图1.7   图1.8

定义2 L块是图1.9所示的堆块，记作：**L**。

图1.10展示不同视角的L块形体的不同形状。

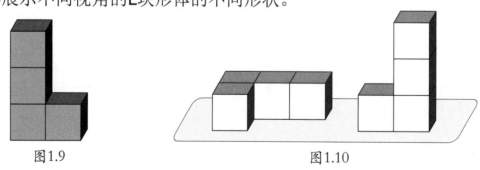

图1.9   图1.10

定义3 T块是图1.11所示的堆块，记作：T。

图1.12展示不同视角的T块形体的不同形状。

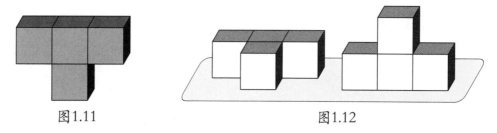

图1.11   图1.12

定义4 Z块是图1.13所示的堆块，记作：Z。

图1.14展示不同视角的Z块形体的不同形状。

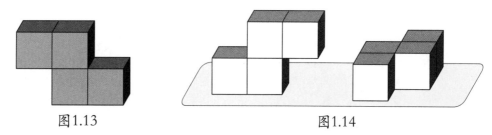

图1.13   图1.14

观察左手与右手

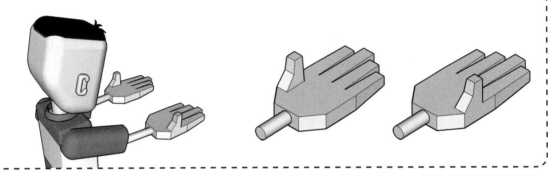

将左、右手与堆块比较

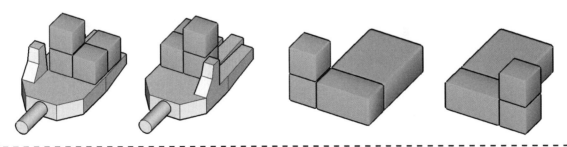

定义5 左手块是图1.15所示的堆块，记作：lh。

左手的英文是 the left hand，所以将左手块记作lh。图1.16展示不同视角的lh块形体的不同形状。

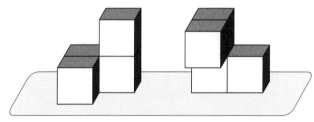

图1.15

图1.16

定义6 右手块是图1.17所示的堆块，记作：rh。

右手的英文是 the right hand，所以将右手块记作rh。图1.18展示不同视角的rh块形体的不同形状。

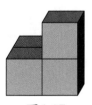

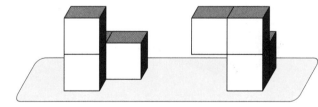

图1.17

图1.18

定义7 三维块是图1.19所示的堆块，记作：**3d**。

三维的英文是three dimension，所以将三维块记作**3d**。图1.20展示不同视角的**3d**块。图1.21给出了**3d**块的寓意。

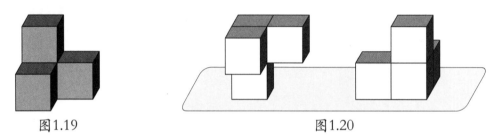

图1.19　　　　　　　　　　　　　图1.20

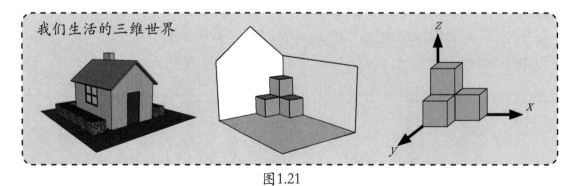

图1.21

堆块与堆块形体的区别：

本书中堆块就是指前述七种形体。堆块形体是指利用这七种形体按照下面将要定义的方法摆出的形体。七种堆块是堆块形体的构件，所以，当涉及这七种堆块自身的形体时，为了与堆块形体区分，我们称之为**构件堆块**的形体。这种形体只有七种，也就是说：前述定义的堆块就是七种构件堆块，如图1.22所示。

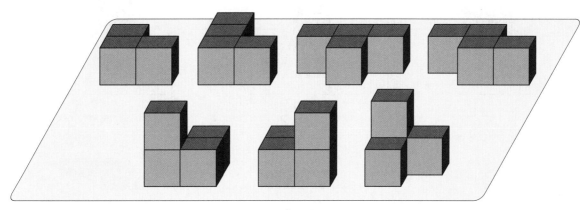

图1.22

1.2 堆块的摆放规定

操作定义 1 把堆块摆放在平面上的含义是使被放置的堆块有某个面与平面接触，而且只依靠重力平稳地立在被放置的地方。图1.23为符合定义的操作，图1.24为不符合定义的操作。

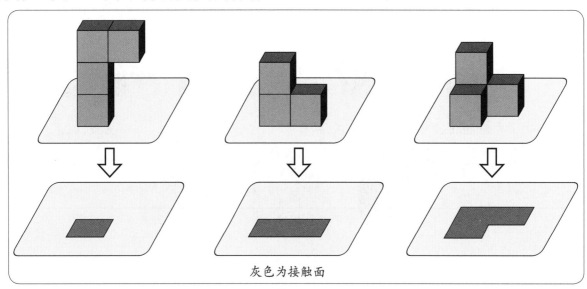

灰色为接触面

图1.23

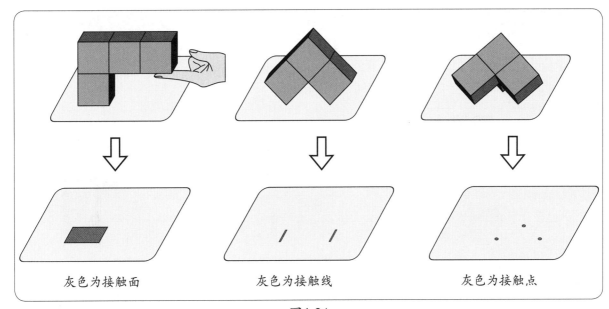

灰色为接触面　　　　　　灰色为接触线　　　　　　灰色为接触点

图1.24

操作定义 2　把一个堆块摆放在其他堆块上的含义是使被放置的堆块有某个面与其他堆块的某个面接触，接触面由构成堆块的单元块表面的正方形组成，而且只依靠重力平稳地立在被放置的地方。图1.25为符合定义的操作，图1.26为不符合定义的操作。

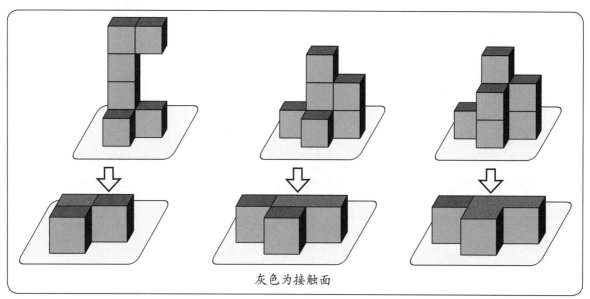

灰色为接触面

图1.25

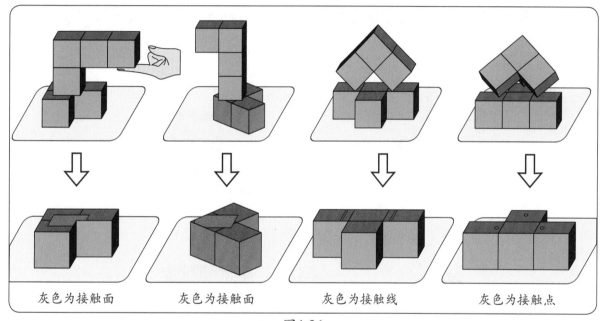

灰色为接触面　　　　灰色为接触面　　　　灰色为接触线　　　　灰色为接触点

图1.26

定义8 堆块形体是利用操作定义1和2的方法从七种堆块中选择一些堆块摆出的形体。

图1.27和图1.28所摆放的形体是合理的。

图1.27   图1.28

图1.29与图1.30所摆放的形体是不合理的。

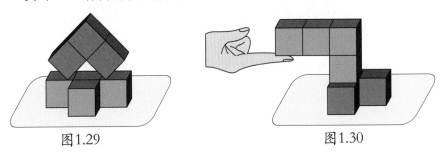

图1.29   图1.30

定义9 堆块形状是从某一个方向观察堆块形体所看到的形状。

或者说把从某一个方向观察堆块形体所看到的形状称为堆块形状。以T块形体为例，我们选择俯视的角度，从上向下观察堆块形体所看到的形状如图1.31所示。

根据堆块形体的定义判断图1.32和1.33哪一个是堆块形体？这个看似简单的问题引导我们思考形体与形状的概念以及这两个概念之间的关系。图1.32所示的形体是堆块形体，理由是它用堆块摆出而且可以稳定立在平面上。图1.33所示的形体虽然也是用堆块摆出，但是它不能稳定，一旦手指离开，上面的L块就会落下。那么这个形体还是堆块形体吗？

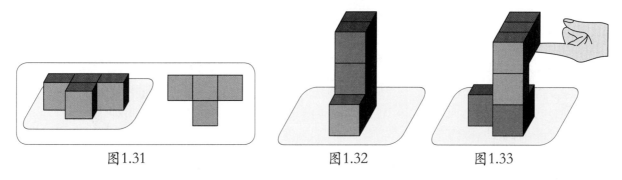

图1.31　　　　　　　　图1.32　　　　　　　图1.33

我们知道同一个堆块形体可以有很多形状，有的形状可以稳定地立在平面上，简称为可立的，有的则不能，简称为不可立的。例如：L块的各种形状中就有不可立的，如图1.34所示。因此，对于一个堆块形体，我们不能因为它的某一个形状不可立而否定该形体是堆块形体。

如果将图1.33中的形状向右翻转90°，我们会得到一个新的形状，如图1.35所示，但是形体还是原来的形体，只是它与平面接触部分的形状改变了。这种改变使得这个形状可以稳定在平面上，因此我们可以断定该形状的形体是堆块形体。

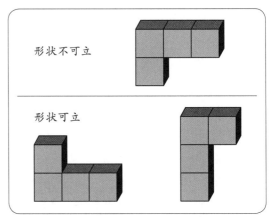

图1.34

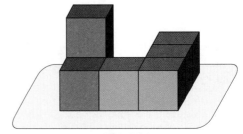

图1.35

可以这样理解堆块形体：对于一个形体而言，只要它的某一个形状是可立的，那么该形体就是堆块形体。

图1.36展示了一些不同的堆块形状，其中有的可立，有的不可立。请判断这些形状哪些来自堆块形体，哪些不是。

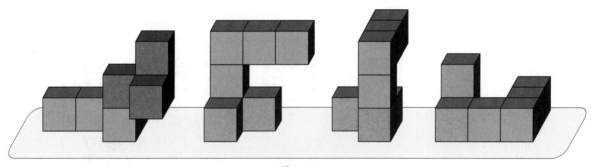

图1.36

1.3 堆块的组成与分类

■堆块的组成

七种堆块都是由单元块组成，如图1.37所示。

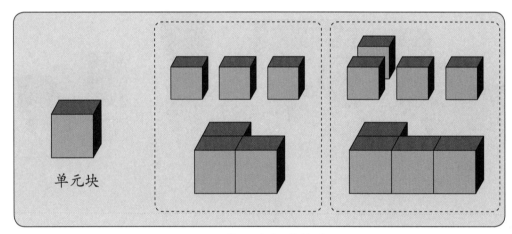

图1.37　单元块组成堆块

■ 堆块的分类

根据组成堆块的单元块数量和结构形状对堆块进行分类。

分类方法1： 根据单元块的数量分类。

V块是由三个单元块组成的，简称三元块，如图1.38所示。

其他堆块都是由四个单元块组成的，称为四元块，如图1.39所示。

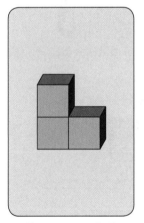

图1.38 三元块

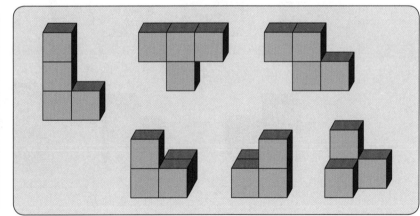

图1.39 四元块

分类方法2：根据单元块的结构分类。

组成堆块的单元块有一层的，也有两层的，由一层的单元块组成的堆块叫作平面块，如图1.40所示；由两层的单元块组成的堆块叫作立体块，如图1.41所示。

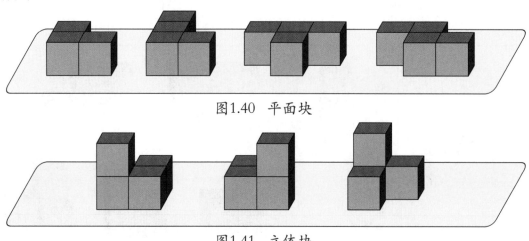

图1.40 平面块

图1.41 立体块

1.4 堆块几何的语言

根据前述的定义和分类可以确定关于堆块信息交流的语言。下列语言的含义是清楚的。

- 平面块一共有4个，分别是V块、L块、T块和Z块。
- 组成所有平面块的单元块数量是15个。
- 用4个平面块可以摆放出含有15个单元块的长方体（图1.42）吗？
- 立体块一共有3个，分别是lh块、rh块和3d块。
- 组成所有立体块的单元块数量是12个。
- 用3个立体块可以摆放出含有12个单元块的长方体（图1.43）吗？

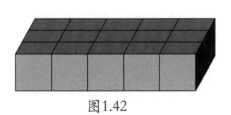

图1.42

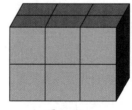

图1.43

　　每一门学科都有它自己的语言，通过这种语言的交流可以区分出内行与外行。欧几里得几何中不会提出用直尺和圆规画出猫或鸟的形状的命题，因为欧几里得几何不是美术。

　　在堆块几何中，下列语句也是外行话，因为堆块几何不是积木游戏：

　　第一句：摆放堆块时可以使用单元块吗？

　　第二句：用两个L块摆出"回"字形，如图1.44所示。

　　第三句：用堆块摆出一个三维"十字架"的形状，如图1.45所示。

　　第四句：把3d块以三足鼎立的形式摆放在平面上面，如图1.46所示。

　　第五句：用T块和V块像摆积木一样摆出图1.47所示的形状。

　　按照普通的语言，上面这些话的含义可以理解，但是，对于堆块几何来说这些都是外行话。因为单元块组成堆块但不是堆块，所以第一句中提到摆放堆块时使用单元块的问题就是外行话；因为摆放堆块的操作规定不能使用相同的堆块，所以第二句中提到用两个L块的摆放就不符合堆块几何的操作规定；因为摆放规定要求块之间必须是面接触，而且不能使用胶粘或磁力吸引的方式使方块连在一起，所以第三句、第四句和第五句提出的摆放形状都不符合规定，是外行话。

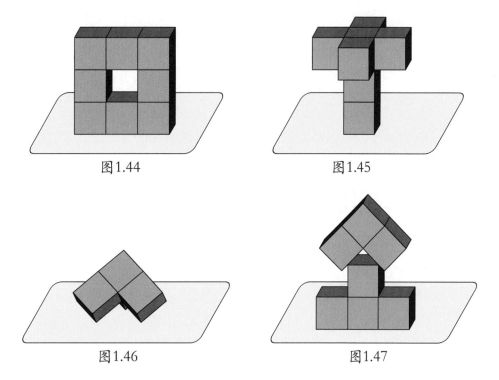

图1.44

图1.45

图1.46

图1.47

第 2 章
堆块几何的公设、公理和命题

本 章 导 言

公理化方法是科学严谨性的典范。公理化方法的步骤：首先，明确定义研究和思考的对象；其次，给出有关这些研究对象的公设、公理；最后，利用这些公理和公设，通过逻辑推导，推出一系列命题。任何一个命题的真伪都要经过从公理和公设出发的逻辑推理来验证。

堆块几何也使用公理化方法。因此，在介绍了公理、公设和命题的概念之后，本章给出了堆块几何的2个公设和1个公理，并由此展开堆块几何命题的推导示范。

关于堆块几何命题，本章还给出了命题难度的评价标准和表达堆块几何命题的图示化方法。

2.1 公设、公理、命题、定理和猜想

■公设

公设是根据多次实践的经验和常识设定的一些结论，在思考、研究和讨论中直接使用这些结论，而不需要对其正确性再进行研究和讨论。例如：

欧几里得几何的公设：

欧几里得几何公设1 从任意点到另一点可作一条直线（图2.1）。

欧几里得几何公设2 线段可以沿所在直线延长（图2.2）。

欧几里得几何公设3 以任意一点为心和任意距离为半径可以作圆（图2.3）。

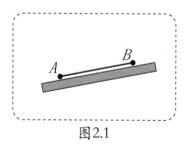

图2.1

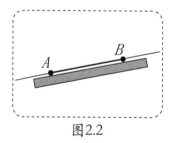

图2.2

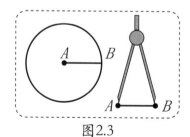

图2.3

■**公理**

公理是公认正确的道理，也就是公认正确的结论陈述。

欧几里得几何的第一个公理：等于同一个量的量彼此相等，如图2.4所示。

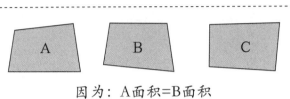

因为：A面积=B面积
B面积=C面积
所以：A面积=C面积

图2.4

■**命题**

●命题的含义

命题是一个判断或者一个结论陈述，这个判断或结论的真、假或对、错可以判定。

欧几里得几何的第一个命题：给出一条线段，可以画出边长等于这条线段的等边三角形。

下面是一些堆块几何的命题：

命题2.1 两层的L块是堆块形体。

命题2.2 可以摆出两层的L块形体。

命题2.3 使用L块和rh块可以摆出两层的L块形体。

命题2.1和命题2.2是同一个结论的不同表达方式。

●命题的表达方式

同一个命题可以有不同的**表达方式**。任何命题的陈述或判断都是有条件的，我们称给出命题的条件的表达方式为**标准表达方式**。

命题的标准表达方式：如果……，那么……。

标准表达方式的符号表示：如果p，那么q。即：$p \rightarrow q$。

在这种标准表达方式中，"如果"后面的p代表命题的条件，"那么"后面的q代表命题的结论。

欧几里得几何的第一个命题的标准形式：如果给定一条线段，那么可以用直尺和圆规画出一个等边三角形，其边长等于给定线段的长度。

这个命题的条件：给定一条线段；命题的结论：可以用直尺和圆规画出一个等边三角形，其边长等于给定线段的长度。

堆块几何命题2.1的标准形式：如果使用堆块，那么可以摆出两层的L块形体。

堆块几何命题2.3的标准形式：如果使用L块和rh块，那么可以摆出两层的L块形体。

从命题2.1和2.3的标准形式中可以看出这两个命题原来的陈述中所省略的部分。

■ 定理和猜想

命题的判断或结论陈述可以是真的、对的，也可以是假的、错的。欧几里得几何的下列三个命题中前两个是真的，第三个是假的，如图2.5所示。

命题一　给定一条线段，可以画出边长等于给定线段长度的正方形。

命题二　给定一个正方形，可以画出面积是它2倍的正方形。

命题三　给定一个正方形，可以画出面积与它相等的圆。

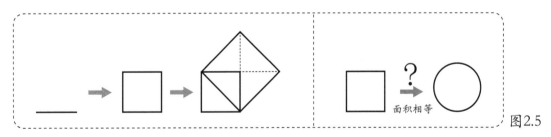

图2.5

如果"真""对"代表正确，那么，公理也是公认正确的命题。

如果判定命题的判断或结论是真的、对的，命题就可以称为**定理**。无法判定真、假或对、错的命题就可以称为**猜想**。

2.2 堆块几何的公设、公理和命题

欧几里得几何的图形是画出来的，对作图的规定是只许使用没有刻度的直尺和圆规，如图2.6所示。

堆块几何的形体是堆出来的，也就是按操作定义1和2摆放出来的，而且只许用定义中指定的七种堆块。

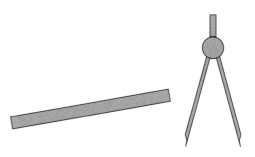

图2.6 没刻度的直尺与圆规

■堆块几何的公设

公设1 只有用操作定义1和操作定义2的操作方法来完成的堆块摆放才是合理的。

公设2 只能用已经定义的七种堆块摆放形体，而且每种堆块只允许使用一次。

公设1的含义是说在摆放堆块时，只依靠重力作用使堆块平稳站立才是合理的，如图2.7所示；利用胶粘接或者磁力吸引使堆块连在一起的方法都是不合理的，如图2.8所示。堆块的摆放也可以称为**堆放**。

这些摆放都是合理的。

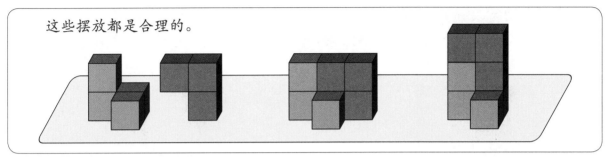

图2.7

这些摆放都是不合理的：(1)和(2)的摆放如果没有磁性吸引或胶粘接不能实现；(3)的摆放虽然能够实现，但堆块之间不是面接触；(4)是面接触，但接触面不是正方形组成。

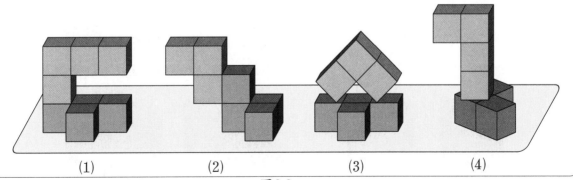

(1)　　　　(2)　　　　(3)　　　　(4)

图2.8

公设2的含义是用堆块摆放形体时，每种堆块只能使用一次，且不能用七种堆块以外的形体来摆放。图2.9和2.10给出了错误摆放的图示。

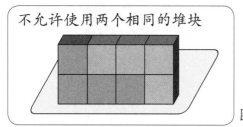

不允许使用两个相同的堆块

图2.9

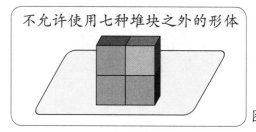

不允许使用七种堆块之外的形体

图2.10

堆块几何的形体是利用不同堆块的各种形状组合摆放出来的。图2.11展示了L块的两种不同形状在组成堆块形体时的作用。

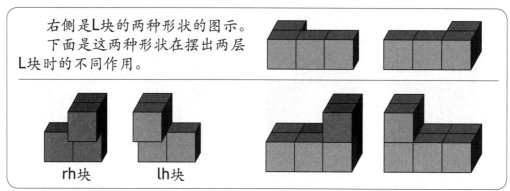

右侧是L块的两种形状的图示。
下面是这两种形状在摆出两层L块时的不同作用。

rh块   lh块

图2.11

■堆块几何的公理

公理1 堆块形体可以摆出自身的不同形状。

由堆块几何公设与公理，立即可以得到下列结论。

结论1：可以摆放出V块的不同形状。
结论2：可以摆放出L块的不同形状。
结论3：可以摆放出T块的不同形状。
结论4：可以摆放出Z块的不同形状。
结论5：可以摆放出3d块的不同形状。
结论6：可以摆放出lh块的不同形状。
结论7：可以摆放出rh块的不同形状。
上述结论的正确性是明显的，如图2.12所示。

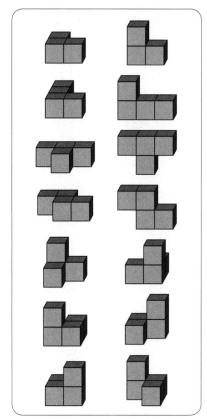

图2.12

■堆块几何的命题

堆块几何的命题就是关于堆块形体的某种判断或结论陈述。

堆块几何命题所涉及的堆块形体称为该命题的目标形体。

堆块几何命题的不同表达方法如前所述。下面再看两个命题。

命题2.4 可以摆出两层的T块形体。

这个命题也可以表述为：两层的T块形体是堆块形体。该命题的标准表述：如果使用合适的堆块，那么可以摆出两层的T块形体。

命题2.5 用L块和lh块可以摆出两层的T块形体。

命题2.5的标准表述：如果使用L块和lh块，那么就可以摆出两层的T块形体。

命题2.4和2.5的目标形体是一样的，都是两层的T块，但是，命题的内容却有所不同。将上述命题写成标准形式后，我们会发现命题的条件不同。前一个命题的条件只说使用堆块，后一个命题的条件指出了具体使用哪两个堆块。这种差别导致了命题难度的不同。下面具体分析命题的难度。

■**命题的难度分析**

命题的难度是指判断命题真、假与对、错的难易程度。

这种难易程度可能因人而异，对有些人来说是难以判断的命题，对另一些人来说可能就很容易判断。

两个命题难易程度的区分也有客观标准。命题2.1与2.3以及命题2.4与2.5有相同的目标形体，但是，它们的难度不一样。理由如下：命题2.1和2.4没有指出选择哪两个堆块，而命题2.3和2.5给出了选择结果，这等于完成了一部分对命题真、假和对、错的判断任务，所以，命题2.1比2.3难度大，命题2.4比2.5难度大。

命题难度的评价标准　判断命题结论真、假与对、错的工作量的多少，可以作为评价命题难易程度的一种客观标准。判断的工作量越大，命题的难度就越高。

根据上述评价标准，命题2.6的难度比命题2.4和2.5的都大。

命题2.6　摆放出两层的T块形体的方法不是唯一的。

比较命题的难度就是对命题进行任务分析。

命题2.4的任务分析：任务1，选择两个堆块；任务2，针对所选择的两个堆块设计摆放方法。

命题2.5的任务分析：任务1，根据命题给出的L块和lh块设计摆放方法。

命题2.6的任务分析：任务1，选择两个堆块；任务2，针对所选的两个堆块设计摆放方法；任务3，再选择两个堆块，要求与任务1的选择不同；任务4，针对所选的两个堆块设计摆放方法。

从上述分析中计算一下任务的数量，就可以看出命题2.6难度最大，命题2.5难度最小。

命题2.7　用L块和rh块，可以摆放出两层的T块形状。

命题2.7的难度与命题2.5的一样，因为它们的任务是一样的。

■用图形或形体表示命题

以上命题都是用文字叙述的。堆块几何的命题可以不用文字叙述而用图形或形体直接表达。

两种表达命题方法的比较：

命题2.4的文字表达：可以摆放出两层的T块形体。

命题2.4的图形表达：如图2.13所示。

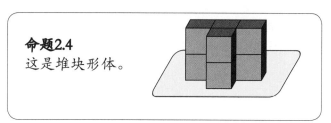

命题2.4

这是堆块形体。

图2.13

命题2.5的文字表达：用L块和lh块可以摆放出两层的T块形体。

命题2.5的图形表达：如图2.14所示。

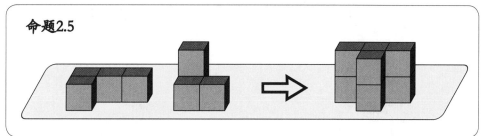

命题2.5

图2.14

命题2.6的文字表达：摆放出两层的T块形体的方法不是唯一的。

命题2.6的图形表达如图2.15所示。

图2.16给出了更多的图示命题。

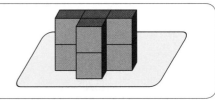

命题2.6
摆出图示形体的方法不止一种。

图2.15

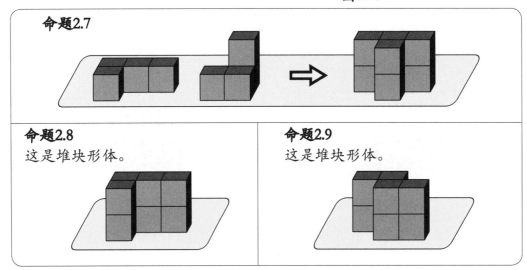

命题2.7

命题2.8
这是堆块形体。

命题2.9
这是堆块形体。

图2.16

■判断命题真、假和对、错的方法

前文提到，堆块几何的命题是关于堆块形体的判断或结论陈述。可以将堆块几何命题分为两类，一类是**肯定命题**，即肯定某个形体是堆块形体；另一类是**否定命题**，即否定某个形体是堆块形体。这两类命题真、假和对、错的判断方法是不一样的。

对于肯定某个形体是堆块形体的命题，判断其真、假和对、错的方法就是直接摆出该命题的目标形体。任何人摆出了这个形体都是完成了对该命题正确性的判断。但是，如果某个人不能摆出这个形体，他却不能因此判断这个命题是错的或假的。

对于否定某个形体是堆块形体的命题，不能靠摆放验证来判断，即使一百个人无法摆出命题的目标形体，也不能判断该形体无法摆出，因为也许第一百零一个人就能摆出该命题的目标形体。所以，对于否定命题的判断只能通过证明。

有一种判断命题真假的方法叫作**公理化方法**。这种方法是欧几里得在他那本不朽的著作《几何原本》中首创的。具体的判断方法是从一些公理和公设出发，利用符合逻辑的推理，也称逻辑推理，推导出命题的结论，或否定命题的结论。本章给出的公理和公设就是为了创建堆块几何的公理化方法。

堆块几何命题的公理化证明

采用公理化方法判断堆块几何命题真、假和对、错的过程叫作堆块几何命题的公理化证明。这种方法实际操作起来很自然，只要使用给定的七种堆块，不拆散分解，不使用胶粘或磁吸等方法使它们靠在一起，利用堆块形体的形状变化摆出命题所要求的形体，就完成了公理化证明。下面给出一个堆块几何命题的公理化方法证明的操作示范，如图2.18所示。

获得一种正确的摆放方法是需要经过一系列的尝试和思考的，如图2.17所示，这种实际摆放过程就是堆块几何命题的公理化证明。

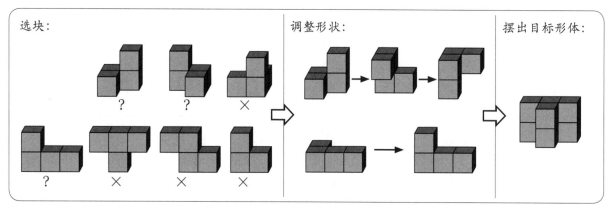

图2.17

堆块几何命题的证明可以不用文字叙述，按照定义规定摆出目标形体的操作方法就是证明。

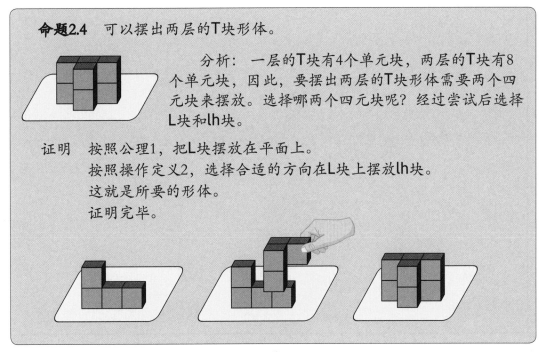

命题2.4 可以摆出两层的T块形体。

分析：一层的T块有4个单元块，两层的T块有8个单元块，因此，要摆出两层的T块形体需要两个四元块来摆放。选择哪两个四元块呢？经过尝试后选择L块和lh块。

证明 按照公理1，把L块摆放在平面上。

按照操作定义2，选择合适的方向在L块上摆放lh块。

这就是所要的形体。

证明完毕。

图2.18

第 3 章
堆块几何的问题与命题

本 章 导 言

　　利用公理化方法从公理和公设出发推导出命题的方法，既是证明命题真假的方法也是发现命题的方法。而且，这种方法发现的命题肯定是真的。除了这种发现命题的方法之外还有其他的方法吗？本章给出了通过问题提出命题的方法。介绍了有关问题的相关知识：包括问题与问句的释义与关系，问题的回答与解决的区别，问题与问句的分类等。针对堆块几何的问题，本章讨论了问题的分类、难度评价与价值判断，介绍了发现问题的基本方法和由堆块几何的问题提出命题的方法。

3.1 提出命题的方法初探

　　堆块几何的命题是怎样提出的？公理化方法要求用公理和公设推出命题的方法来验证该命题的真假。这是发现命题的方法吗？验证命题等于发现命题吗？还有其他的发现命题的方法吗？下面我们讨论这些问题。

　　按照公理和公设操作堆块可以摆出很多形体，每一个这样得到的形体都可以作为一个堆块几何命题。在欧几里得几何中使用直尺和圆规也可以画出很多图形，这些图形也都可以作为欧氏几何的命题。但是，欧几里得在名著《几何原本》中只给出了几百个命题，而且这些命题所涉及的图形中，有一些不是随便就可以画出来的。例如：正三角形和正方形容易画出，正五边形就不是很容易画出，正十七边形很难画出。这说明还有发现命题的新方法，那就是通过问题来发现命题。堆块几何的命题也可以由问题来引出，所以，我们需要研究堆块几何的问题。当然，我们首先要对问题有所了解。

　　我们每天都会接触各种问题，有些问题是通过带有问号的问句说出的，有些则不是，那么问题与问句有什么关系呢？

3.2 问题与问句

■问题与问句的含义和关系

问题是对于求知的要求。提出一个问题就相当于提出了一个**求知任务**。

问句是对回答的要求，这种要求包括了回答的方式和内容。如果不符合这种要求，就会出现所答非所问的情况。

例如，问：你是二年级的学生吗？答：我上五年级。

上述回答就不符合问题的要求，答非所问。正确的回答应该是"是"或"不是"。如果问你上几年级，那么上述回答正确，如果仅仅回答"是"或"不是"，那又是答非所问。

问题既可以以问句为载体，也可以用其他方式提出。一个关于求知任务的陈述句也可以提出问题。

■问句的分类

问句可分为两类：一般疑问句和特殊疑问句。例如，

一般疑问句：你上学了吗？

特殊疑问句：你几岁了？

一般疑问句的回答就是在是与否中选择。特殊疑问句的回答则要根据问句所问的内容回答。

还有一种疑问句介于一般疑问句和特殊疑问句之间，它的回答也要求选择，只不过选择的内容更具体，选择项也可能更多。例如下列问句：A、B、C三个选手中哪一个是冠军？

一般疑问句也可以看作选择问句，不过选项只有两个，所以，问句也可以分为两大类：一类是选择问句；另一类是非选择问句，也就是特殊疑问句。

■问题的回答与解决

当问题由问句提出时，对这个问题的回答与解决是有区别的。回答问题是针对问题的问句，解决问题是针对问题的**求知任务**。从问句的角度看，即使是没有解决的问题也可以回答，但是答案的真、假和对、错要等问题解决后才能判定。我们可以提出下列问题，如图3.1所示。

问题：可以摆出五层的V块形体吗？

尽管回答者暂时不能摆出这种形状，他也可以回答"可以"，或者"不可以"。那么，这两种回答哪一个是正确的呢？真正的判定要等到问题解决以后才能给出，所以问句的回答不等于问题的解决。

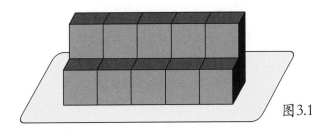

图3.1

上学时，学生们每天都要回答各种问题，但是解决问题的能力却不会因此而提高。因为问题的回答只是口头或笔头上的，问题的解决是要联系实际的。堆块几何问题的研究可以培养学生解决实际问题的能力。

■ 问题的分类

问题的内容可以是时间、地点（位置）、人或物、原因、结果、方法、形状、数量、状态和关系等。关系又可以包括：大小、上下、难易、远近、轻重等。问题根据内容可以做如下分类：

1. 问时间，例如：现在几点钟了？学习进行了多长时间？

2. 问地点和位置，例如：我们要去哪里？你在哪里？

3. 问人或物，例如：谁来了？什么是学具？

4. 问原因，例如：为什么要学习堆块几何？人高兴的原因是什么？

5. 问结果，例如：学习堆块几何会有什么结果？

6. 问方法，例如：可以摆出三层的T块形体吗？

7. 问形状，例如：两个堆块可以摆出哪些有意思的形体？

8. 问数量，例如：摆出三层的T块形体的方法唯一吗？

9. 问关系，例如：堆块形体与组成它的单元块数量有什么关系？

10.问性能，例如：平面块和立体块在摆放立体形体时，性能一样吗？

3.3 堆块几何的问题

■堆块几何的问题分类

前文给出了问题的10种分类。堆块几何问题的内容，主要涉及形体与方法两大类。实际上这种区别也只是形式上的，本质都是形体，方法是摆出形体的方法，原因和理由也是针对某种形体是否能够摆出而言的，数量与时间是针对方法的，指的是摆出某种形体不同方法的数量和摆出某种形体的操作时间。堆块几何的问题举例如下：

● **问形体**

问题3.1：选择两个堆块可以摆出哪些形体？

问题3.2：选择三个堆块可以摆出三层的T块形体（图3.2）吗？

● **问方法**

问题3.3：怎样摆出三层的T块形体（图3.2）？

问题3.4：怎样才能摆出两层的Z块形体（图3.3）？

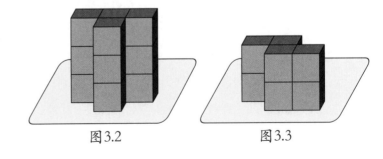

图3.2   图3.3

● **问数量**

问题3.5：摆出三层的T块形体的方法有多少？

问题3.6：选择两个堆块最多可以摆出多少种堆块形体？

● **问原因和理由**

问题3.7：为什么8个单元块组成的立方体（图
3.4）不是堆块形体？

问题3.8：为什么要摆出两层的T块形体就不能
选择T块？

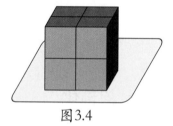

图3.4

● **问时间**

问题3.9：摆出三层的T块形体需要多长时间？

还可以问关于某个堆块摆放位置的问题，选择不同堆块的摆放结果问题
和两种摆放形状之间的关系问题，等等。

● **问关系**

问题3.10：6个堆块搭建的形体与3个堆块搭建的形体有关系吗？

■堆块几何问题的难度与价值

问题的难度指的是解决问题的难度，不是回答问题的难度。

问题的难度有时是因人而异的，对于某个人来说很难解决的问题，对于另一个人来说可能就很容易解决。

关于问题的难度也有一些客观的评价标准。如果把问题看成是一种任务，那么完成这个任务所需要的工作量就可以作为衡量问题难度的**客观标准**。

● 问题的难度比较

问题3.11：选择两个堆块可以摆出两层的T块形体吗？

问题3.12：选择两个堆块可以有不同的方法摆出两层的T块形体吗？

问题3.13：选择L块和rh块可以摆出两层的T块形体吗？如图3.5所示。

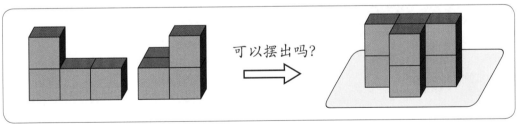

可以摆出吗？

图3.5

解决问题3.11只要给出一种方法，解决问题3.12就要给出不止一种的方法。从问题的内容来看，问题3.11只是问摆出形体的方法，而问题3.12不只是问方法，还问了数量。所以问题3.12的难度比问题3.11的难度大。相比之下问题3.13难度最小，因为摆出问题所要求形体的方法包括正确地选择堆块和摆放堆块，而问题3.13已经完成了选择工作，只剩下摆放工作。三个问题难度比较如下：

问题3.13的难度 ＜ 问题3.11的难度 ＜ 问题3.12的难度

● **问题的价值**

发现与提出问题似乎是很容易的事。人们可以随口提问，图3.6给出了当儿童看到天上的白云时与大人之间的问答对话。

儿童问：为什么天是蓝的？
大人回答：那是因为云是白的。
儿童又问：为什么云是白的？
大人回答：那是因为天是蓝的。

图3.6

这种无聊的问答可以继续，但没有价值。

　　堆块几何问题的价值在于提出一些有趣的形体摆放任务，探索摆出方法，或者给出不能摆出的理由。如果有人提出关于堆块制作材料的问题，问：为什么不用金属制作堆块？那么这种问题对于堆块几何来说就没有价值。

　　在堆块几何领域，发现问题，给自己提出研究任务，通过研究工作解决问题得到研究成果，可以体验研究工作的真实过程。

3.4 发现堆块几何问题的方法初探

前文提到，堆块几何的问题价值在于提出一些有趣的形体摆放任务。但是，当操作堆块摆出了一个有趣的形体之后，人们一般不会再提出该形体的摆放任务，原因是摆放方法已经知道了。那么，怎样才能在摆出之前发现新的有趣形体呢？这是关于摆放之前的形体设想问题。

问题的发现与提出是不同的，发现产生于人的大脑，而提出是用语言和文字对这个发现进行表述。本节给出的发现方法是通过对已摆出形体的思考来设计新的形体。

观察图3.7中左侧的形体，这是一个熟悉的堆块形体，我们将要考虑的不是这个形体的摆出方法问题，而是它的变化问题。把它变成图3.7中右侧的形状。这个形状的结构是底层6个单元块，上层2个单元块。思考上层2个

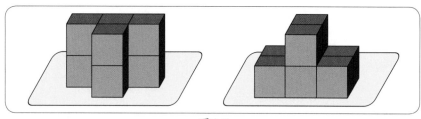

图3.7

单元块的分布方式，如图3.8所示，我们看到了之前讨论过的两层L块的形体，而且是以两种形状呈现的。

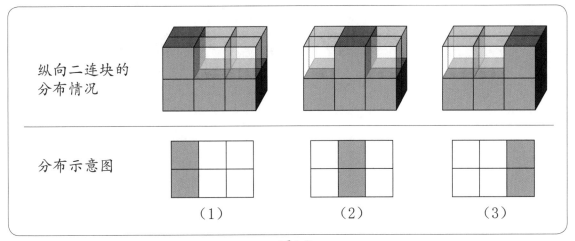

图3.8

继续思考上层2个单元块的分布方式，想一想能否得到新的形体。2个靠在一起的单元块，我们简称为二连块。如果将二连块横向摆放，会有哪些分布呢？

图3.9给出了横向摆放的二连块的分布情况。

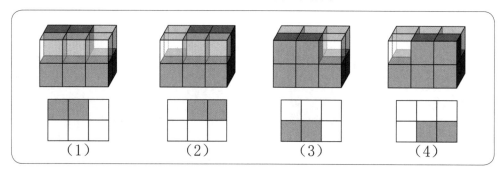

图3.9

我们还可以进一步考虑拆开二连块，让上层的 2 个单元块散开分布，那又会产生哪些新的形体呢？图3.10给出了这些分布的立体和平面示意图。我们发现了很多新的形状，可以提出很多新的堆块问题，例如：

问题3.14：图3.10所示的形状哪些是堆块形状？

这是一个包含很多任务的问题，需要对这些形状逐一分析与思考。仔细观察这些形状之后，我们发现其中有些形状来自同一个形体。例如，图3.9中的(1)与(4)，图3.10中的(1)与(2)，等等，这就引发了对于形状与形体两个概念的思考。

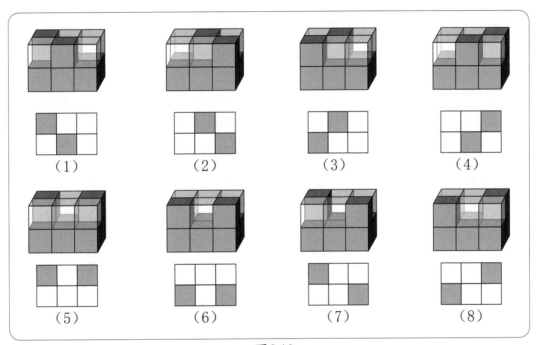

图3.10

3.5 堆块几何的问题与命题

既然问题是对求知的要求，问题包含求知的任务，那么，这个求知任务的目标是什么？是问题的回答吗？当然不是，回答只是把问题看成是问句时所给出的回应。求知任务的目标是得到问题的结论。命题就是一种结论陈述，所以，从问题可以引出命题，而且从一个问题可以引出一系列相关命题。

下面介绍由不同类型问题引出命题的方法。

■由选择类问题引出的命题

由于选择类问题的结论已经在选项中给出，所以，选择类问题的每一个选项都是一个命题。

问题3.15：图3.11所示形体的摆法唯一吗？

问题3.15的相关命题：

命题3.1 摆出两层L块形体的方法只有一种。

命题3.2 摆出两层L块形体的方法不止一种。

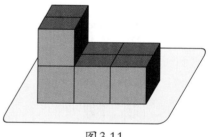

图3.11

■问形体和方法引出的相关命题

这类问题的目标都是某种形体，方法也是摆出形体的方法。这类问题的相关命题就是对问题所涉及形体的肯定或者否定。

问题3.16：选择两个堆块可以摆出哪些形体？

问题3.16的相关命题：

命题3.3 可以用两个堆块摆出图3.12所示的形体。

命题3.4 图3.13所示的形体是堆块形体。

命题3.5 图3.14所示的形体可以由两个堆块摆出。

……

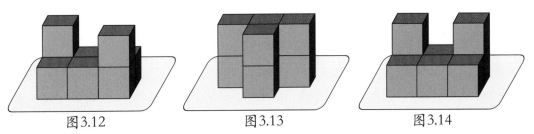

图3.12   图3.13   图3.14

命题3.3至3.5都是问题3.16的求知任务的具体化。这样的命题还可以提出很多。

问题3.17：选择三个堆块可以摆出图3.15所示的三层T块形体吗？

问题3.17的相关命题：

命题3.6 选择三个堆块可以摆出图3.15所示的形体。

命题3.7 选择三个堆块不可以摆出图3.15所示的形体。

可见，只要是关于摆出某个堆块形体的方法问题，都可以引出关于该形体的两个命题。一个是肯定的，另一个是否定的。

■ 问原因和理由引出的命题

问题3.18：为什么摆不出图3.16所示的形体？

问题3.19：为什么要摆出图3.17所示的形体就不能选择T块？

对于问某个结果或结论的原因和理由的问题，可以把该结果或结论提出来作为命题。

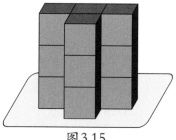

图3.15

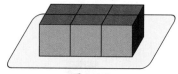

图3.16

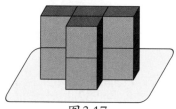

图3.17

问题3.18的相关命题:

命题3.8 摆不出图3.16所示的长方体形体。

命题3.9 6个单元块组成的长方体不是堆块形体。

上述两个命题是同一个命题的不同表述。

问题3.19的相关命题:

命题3.10 要摆出图3.17所示的形体就不能选择T块。

■ 问数量的相关命题

问题3.20：摆出图3.14所示形体的方法有多少？

问题3.20的相关命题:

命题3.11 摆出图3.14所示形体的方法是唯一的。

命题3.12 摆出图3.14所示形体的方法不是唯一的。

■ 问关系的相关命题

第3.3节提出的问题3.10是问关系的问题，问6个堆块搭建的形体与3个堆块搭建的形体之间的关系，这个问题的相关命题如下。

命题3.13 6个堆块搭建的形体都可以分解为两组3个堆块搭建的形体。

■伪命题

针对问题提出的命题是对问题任务目标的明确论述，是问题求知任务所要得到的结论。问题的求知任务就是要对相关命题的结论给出真、假或对、错的判断。如果一个命题结论的真、假或对、错不能够判断，那么，这个命题就是伪命题。例如：

命题3.14　用堆块也许可以摆出四层的T块形体。

由于命题具有了不确定性，所以它的真假也不能确定。

命题3.15　用堆块不能摆出可以移动的形体。

命题中提到的"可以移动的形体"没有实际意义，如果一个人在行驶的列车上摆堆块，那么他摆的每一种形体都可以移动，只不过这种移动是相对于地面而言的。

堆块几何的命题都要求是真命题，对于伪命题我们不予考虑。

作为堆块几何问题与命题的总结，图3.18给出了一组堆块几何命题的形体，你能看出这些命题来自什么问题吗？你能给出更多同类命题的形体吗？

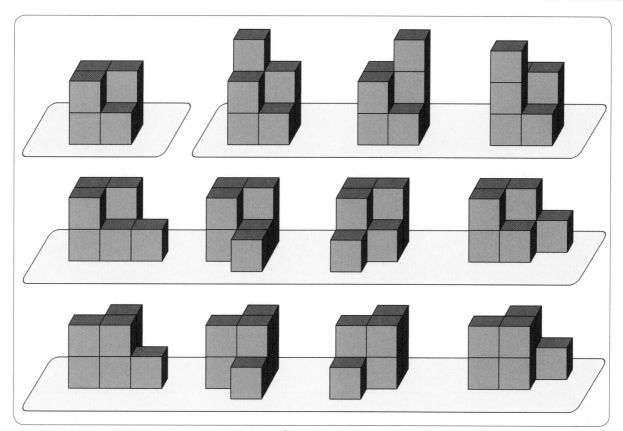

图 3.18

第 4 章
堆块几何的思维与操作

本 章 导 言

　　一般认为，摆积木没有什么难度，只要按照图示选择积木块摆放就可以了。但是，摆放堆块几何命题的形体却没那么容易，会遇到困难。本章指出，没有思维指导的试错操作是导致摆放困难的原因。对思维不能指导操作的原因的分析引发了对操作的剖析，将对堆块形体的操作细分为摆放与调整，而调整又包括旋转和翻转。调整操作是对堆块形体进行形状变换，而且只有当思维能够对形体操作所产生的形状变化进行记忆、想象和设计的时候，思维才能指导操作。

4.1 摆放堆块形体时的困难与问题

■堆块选择与摆放的困难分析

　　一般认为，摆积木没有什么难度，只要按照图示选择积木块摆放就可以了。但是，摆放堆块几何命题的形体时却没那么容易，会遇到困难。有两个方面的困难：一是正确选择堆块的困难，二是选择堆块以后正确摆放的困难。这两方面的困难交织在一起会导致更大的困难：堆块选不对，肯定摆不出目标形体，即使选对了，如果方法不对，也可能摆不出目标形体，从而怀疑选择的正确性，放弃正确的选择，进入一种恶性循环。这就引发了对思维与操作的认识问题。以命题2.4为例，如图4.1所示。

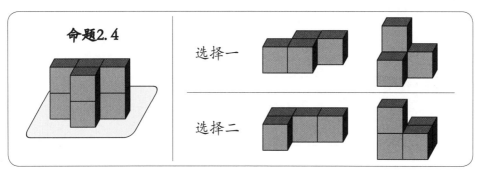

图4.1

■思维与操作的顺序问题

　　造成堆块形体摆放困难的表面问题是堆块选择和摆放两方面的问题。但是，由于正确的选择与摆放操作都需要思维指导，这就引出了关于思维与操作的关系问题：思维与操作是同时的吗？思维与操作的正确顺序是怎样的？

　　有一种观点认为：人的行为是受大脑支配的，对堆块的思考支配着对它们的操作，所以，思维在前，操作在后。

　　图4.2展示了人们的思维过程，图4.3展示了实际的操作行为。

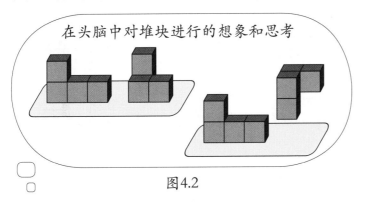

在头脑中对堆块进行的想象和思考

图4.2

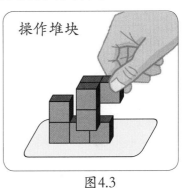

操作堆块

图4.3

■试错过程

　　人们相信这种先思考后行动的观念。但在实际面对堆块摆放任务时，情况正好相反。当人们还不会思考的时候，思维无法指导操作，只能先操作后思考。我们将没有思维指导的操作过程称为试错过程。

　　在试错过程中，思维只起到简单的判断和评价作用。以摆放图4.4所示的目标形体为例，我们分析一个具体的试错过程。

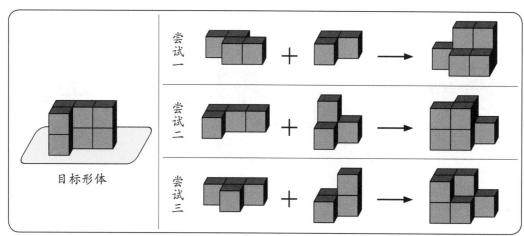

图4.4

对目标形体的思维判断告诉我们要选两个堆块，对于具体选哪两个堆块没有思考只有尝试。尝试一选择的两个堆块不能摆出目标形体，如图4.4所示。简单思考一下目标形体的单元块数量就会发现对V块的选择是错误的，因为如果选择了V块，那么另一个堆块无论怎样选择，都只能摆出含有7个单元块的形体，而目标形体由8个单元块组成。图4.4中给出了尝试二和尝试三，但这些尝试也都以失败告终。如果再一次尝试成功地摆出了目标形体，那么试错尝试就结束了。如果再次尝试仍然没有得到目标形体，那么这种尝试还将继续下去。这就是试错过程。

4.2 堆块几何的操作

■操作的具体内容分析

要使思维能够指导操作，必须对操作行为有深入细致的了解，否则，一提到操作，脑子里面除了"操作"这两个字而没有具体内容，思维就无法指导操作。这就引出了思维与操作的另一个问题：

操作的具体内容是什么？

我们将堆块几何的操作内容分为选择、调整和摆放。这些操作都是针对形体的。

选择指从七种堆块中选取堆块。

摆放指按照操作定义 1 和操作定义 2 把堆块放在平面或其他堆块上。

调整指对一个堆块进行旋转或翻转，其中旋转有一种，翻转有两种：左右翻转和前后翻转，如图4.5和4.6所示。

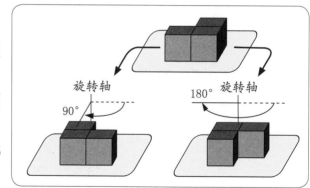

图4.5　旋转

因为操作涉及堆块的形体与形状，所以有必要对这两个概念及其关系做进一步阐述。

■堆块的形体与形状

对堆块形体与形状的区分，涉及人的不同认知心理现象。利用心理学的感觉与知觉概念可以对形体与形状做出如下的界定：

堆块形体指的是对堆块实物的知觉。堆块形状指的是对堆块实物的感觉。

如果对于上述关于形体与形状的文字界定感到疑惑，那么，可以通过下面的实验来区分形体与形状的概念。

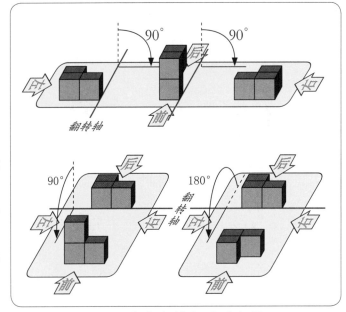

图4.6 左右翻转与前后翻转

　　将L块放入一个盒子内，把盖子盖上，如图4.7所示。如果将盒子剧烈摇晃后再打开，那么盒子里的L块形体不会改变，但是打开时所看到的形状还会是放入时的形状吗？因为无法确定打开时L块在盒子内的形状，所以无法准确回答上述问题。图4.8给出了盖子打开时L块的一种可能形状。

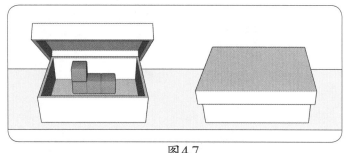 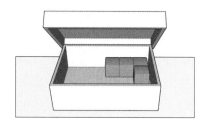

图4.7　　　　　　　　　　　　　　　　　　　图4.8

　　形体与形状的关系：一个形体可以呈现多种不同的形状。

　　人们通过对一个形体的不同形状的感觉来获得对该形体的感知。来自同一形体的不同形状如图4.9所示。

　　形状可以认为是从不同的角度观察所看到的形体。值得注意的是，从不同角度观察同一个形体得到的不是同一种形状。

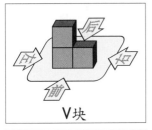

V块

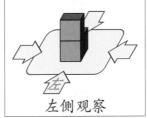

左侧观察

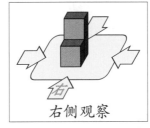

右侧观察

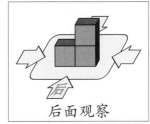

后面观察

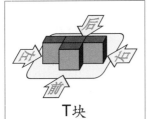

T块

左侧观察

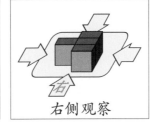

右侧观察

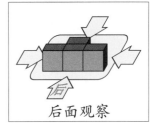

后面观察

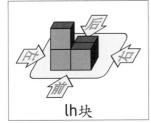

lh块

左侧观察

右侧观察

后面观察

图4.9

图4.10所示的两个形状是不一样的，上层的二连块分别在左上角和右下角。这两个形状实际上来自同一个形体：将左边的形状顺时针旋转180°，就可以得到右边的形状。

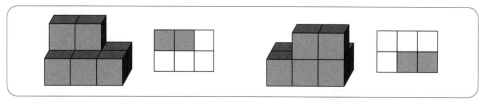

图4.10

怎样判断两个形状是否来自同一个形体呢？可以通过下面的判定定理。

形状与形体判定定理　如果一个形状是通过对另一个形状变换得到的，那么这两个形状来自同一个形体。

也就是说，如果一个形状可以由另一个形状经过旋转、翻转或者旋转加翻转得到，那么这两个形状来自同一个形体。

根据上述定理，我们要判断两个形状是否来自同一个形体，就需要判断这两个形状的关系。

形体、形状与操作的关系如下。

● **调整操作**和按照堆块几何定义进行的**摆放操作**都不会改变堆块形体。

● 调整操作可以改变堆块形状，可称为形状变换操作，简称**形状变换**。

用一句话概括形体、形状与操作的关系：操作是针对形体的，操作的结果是对形状的变换。

● **旋转操作**的转动轴垂直于平面，旋转所导致的形状变换相当于从不同角度所看到的形状变化。就是说，如果堆块不动，那么人绕着堆块转圈所看到的形状等同于人不动，操作堆块旋转所看到的形状。

由于人能够绕着垂直于地面的轴行走，所以人看物体旋转的形状和人转着看物体不转的形状具有某种等同关系。

● **翻转操作**的转动轴平行于平面。由于人不能绕着平行于地面的轴在空中行走（单杠运动员绕平行于地面的单杠做大回环运动不是行走），因此，人们只能通过翻转物体来看到前后、左右两个方向翻转变换的不同形状。

■ 调整操作的符号表示

调整操作的符号表示如下。

旋转操作的符号表示：旋转操作就是把堆块形体放在平面上转动，旋转的转动轴垂直于平面，旋转不同角度操作的符号表示如图4.11所示。

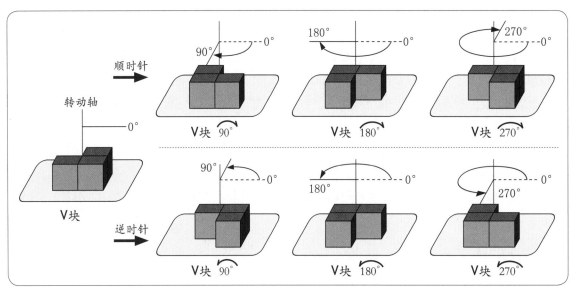

图4.11

翻转操作的符号表示：翻转操作就是把堆块形体放在平面上翻动，翻转的转动轴平行于堆块形体所在平面。翻转有两种。

1.左右翻转，如图4.12所示。翻转符号如图4.13所示。

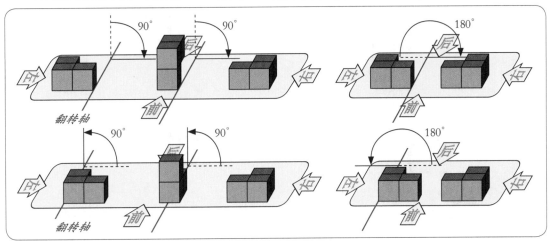

图4.12

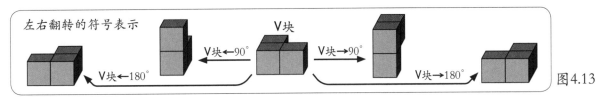

图4.13

2.前后翻转，如图4.14、4.15所示。右侧是对应的翻转符号。

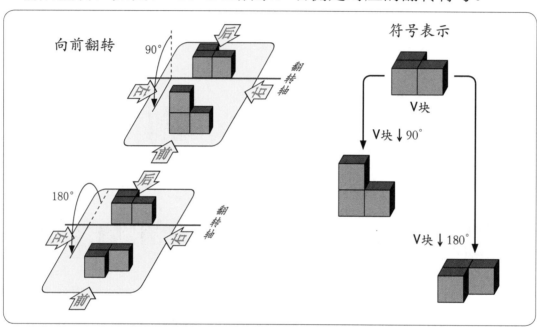

图4.14

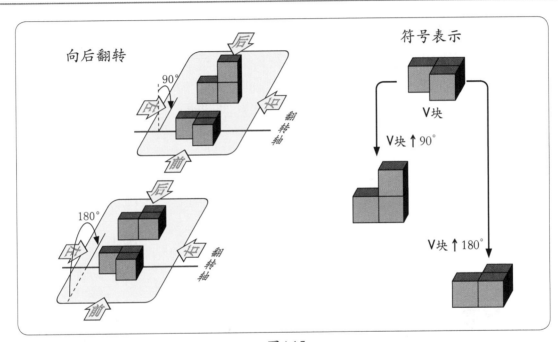

图4.15

4.3 堆块几何的思维

　　思维的含义是什么？思维的内容有什么？这些问题的答案可以从词典中找到。这种答案对堆块几何的思维有帮助吗？如果我们抛弃那些抽象的概念和论述，直接反思堆块几何摆放形体时的思维过程，可以发现下述思维内容。

■对形体与形状的认知、记忆与想象

　　对于需要摆放的形体，我们称之为**目标形体**。对这个形体及其各种形状的认知与记忆是堆块几何思维的基本内容。这种对形体与形状的认知与记忆可以称为思维的表象功能。

　　当看到图4.16所示的三个形状时，思维可以判断它们来自同一个形体，如果这个形体是摆放的目标，那么摆放出其中任何一个形状，都可以认为是

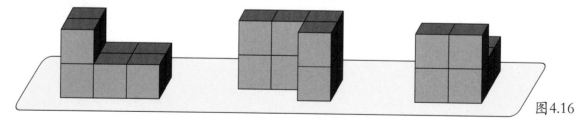

图4.16

完成了目标形体的摆放任务。另外，在思维中还可以想象这个形体的其他形状，如图4.17所示。

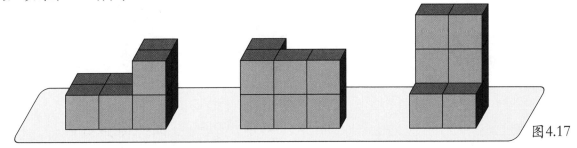

图4.17

■对形体与形状的判断与相关概念

对形体与形状的判断有两方面的内容：

第一，判断一个给定形体的不同形状，如图4.18所示。

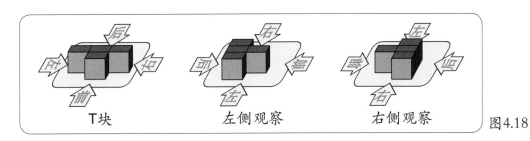

T块　　　　左侧观察　　　　右侧观察

图4.18

第二，判断各种不同形状之间的关系，如图4.19所示。

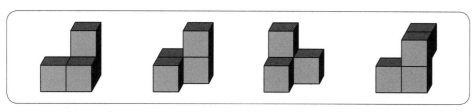

图4.19

请判断上图四个堆块形状来自于哪些堆块形体？

思维的这种判断能力会因人而异，但是可以通过训练得到提高。

思维的概括能力表现为形成概念。通过对不同形体与形状的分析与综合，可以将来自同一个形体的不同形状之间的各种变化统称为变换，这样就形成了一个概念：**变换**。变换概念还可以进一步细分为**旋转变换**与**翻转变换**。在变换的概念中，并没有限制变换的种类与次数，如果将不同种类的变换结合在一起多次实施，那么又可以得到一个新的概念：**初等变换**。表4.1给出了一些变换过程的符号。

表4.1

顺时针旋转	向左翻转	向前翻转	初等变换
$\overset{\frown}{90}°$	←90°	↓180°	$\overset{\frown}{90}°$ + ←90° + ↓180°

前文所讲的堆块形状调整就是对单个堆块的初等变换。

图4.20、4.21分别给出了两种堆块经过多种初等变换后的形状图示。

总之，堆块几何的思维就是在头脑中对操作变换进行想象与设计。

lh块	顺时针旋转	向左翻转	向前翻转	初等变换
	⤻90°	←90°	↓180°	⤻90° + ←90° + ↓180°
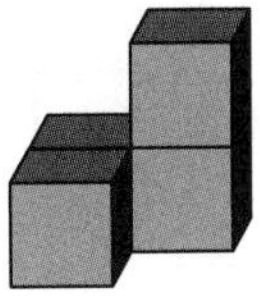	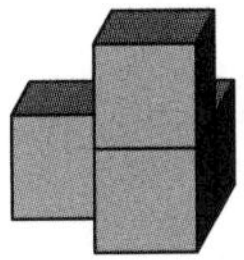	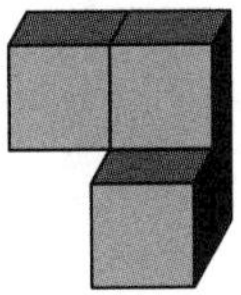	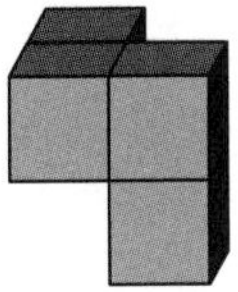	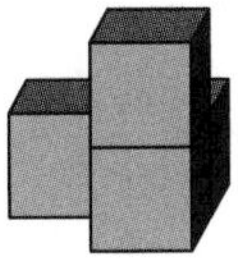

图4.20

T块	逆时针旋转	向后翻转	向右翻转	初等变换
	⤺90°	↑90°	→90°	⤺90° + ↑90° + →90°
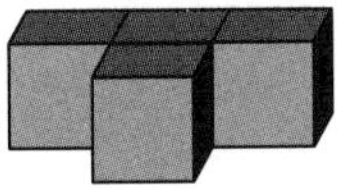	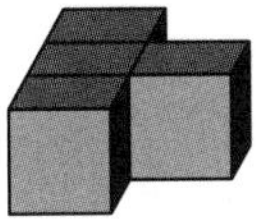	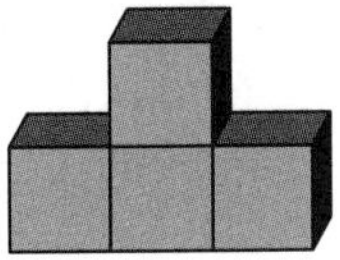	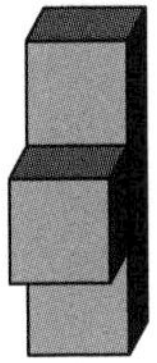	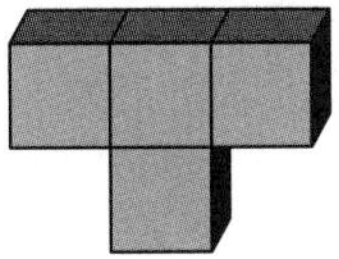

图4.21

4.4 思维与操作的关系

■缺乏正确思维指导的操作

当思维还不能分辨同一形体的不同形状，无法判断不同形状之间的操作关系，不能想象形体经过初等变换后的形状时，思维无法指导操作。这时堆块形体的摆放过程就是试错过程。

以摆放两层T块（图4.22）的目标形体为例。

图4.23和4.24中的问号表示思维缺乏对选择正确堆块形体的想象。

图4.25中的问号表示思维缺乏对正确操作方法的设想。

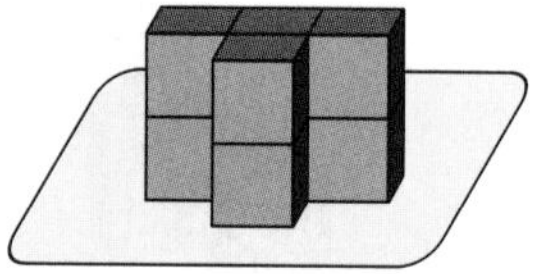

图4.22

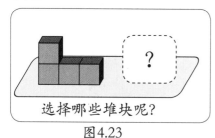

选择哪些堆块呢?

图4.23

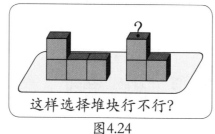

这样选择堆块行不行?

图4.24

这样摆放可以吗?

图4.25

对试错选择和摆放的尝试，如图4.26和4.27所示。

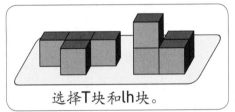

选择T块和lh块。 图4.26

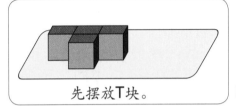

先摆放T块。 图4.27

没有思维指导的试错过程有碰运气的成分，如果试错操作变成完全碰运气的操作，就是缺乏思考的表现，就会影响解决问题的信心。

■得到思维指导的操作

图4.28给出了摆放两层T块的目标形体的思维想象。

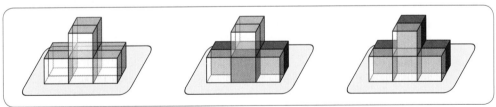

图4.28

左侧白色透明形体代表想象中的目标形体。右侧两个形体代表在目标形体中以不同方式放入T块的情况。这两种情况中白色透明部分的形体，都无法按堆块几何的规定由堆块摆出。上述思维分析和推理告诉我们不能选择T块。同样的分析与思考还可以断定不能选择Z块和3d块，那么正确的选择只有L块和lh块或L块和rh块。

　　堆块形体的摆放操作需要对形状进行调整，也就是进行适当的形状变换。对变换的思维设想指导我们正确的摆放方法。图4.29示意了思维指导下的操作过程。

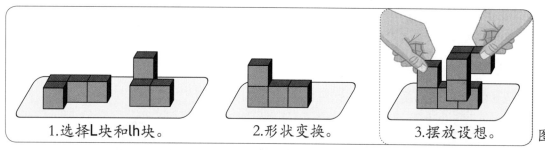

1.选择L块和lh块。　　2.形状变换。　　3.摆放设想。　　图4.29

　　上述思维与操作的分析与思考告诉我们，当思维能够分辨同一形体的不同形状，可以判断不同形状之间的操作关系，并能够想象形体经过初等变换后的形状时，思维可以指导操作。这时堆块形体的摆放过程就是设计与思考过程。

　　思维是一种能力而不是知识，思维的知识不是思维，思维的知识可以被记忆被理解，但是这些知识不能指导堆块几何的操作，只能让我们知道思维的能力有哪些内容和作用。知道不等于得到，获得堆块几何的思维能力必须经过专门的训练和长期的实践。当然，个人的天赋也起一定的作用，天赋高的人可以在较短时间内获得较强的思维能力。但是无论什么人，要获得思维能力都必须经过思维实践和思维训练。

第 5 章
堆块的空间想象与思维训练

本 章 导 言

　　第 4 章指出：操作是针对形体的，其结果是针对形状的，操作的结果产生了形状的变化。当我们看到一个堆块形状的时候，也许不能马上判断它的形体，特别是遇到与左手块和右手块有关的形状时。如果看到形状都不能判断出形体，那么，想象一个形体经过变换之后的各种形状就更加困难，这也导致了堆块几何命题证明时的摆放困难。为了克服这种困难，提高空间想象能力，本章给出了一系列有关形体与形状的判断练习，讨论了不同形状之间的变换关系、镜像关系以及操作方法等。这些内容可以作为培养空间思维能力、深入堆块几何探究的实践基础。

5.1 关于堆块的空间想象

想象一个堆块形状经过各种操作变换后的形状，如图5.1所示。

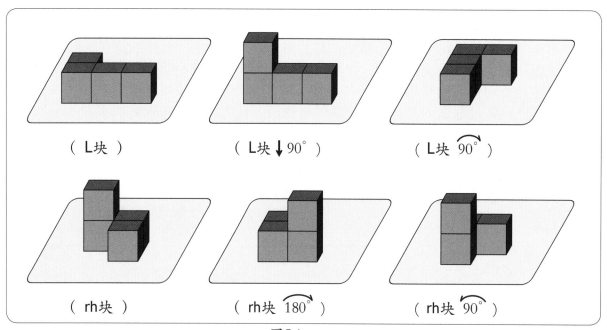

（ L块 ）　　　　　（ L块↓90°）　　　　　（ L块 ↷90°）

（ rh块 ）　　　　　（ rh块 ↷180°）　　　　　（ rh块 ↷90°）

图5.1

想象几个堆块经过操作变换后摆放起来的形状，过程如图5.2所示。

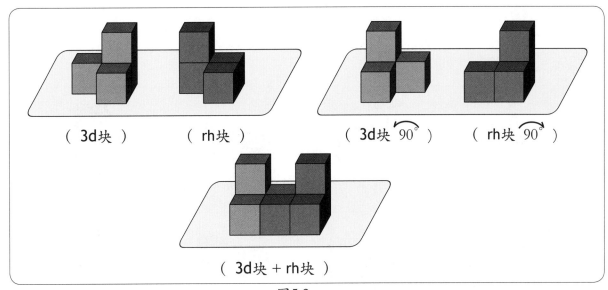

图5.2

空间思维能力就是想象立体形状的变换和组合的能力。研究堆块几何命题时，如果不想只依靠碰运气式的试错操作方法，就要加强这种空间思维能力的训练。

5.2 堆块的变换操作判断与形体判断

■变换操作判断

　　判断来自同一个形体的不同形状之间的变换关系，图5.3给出了这种判断的示范与练习。

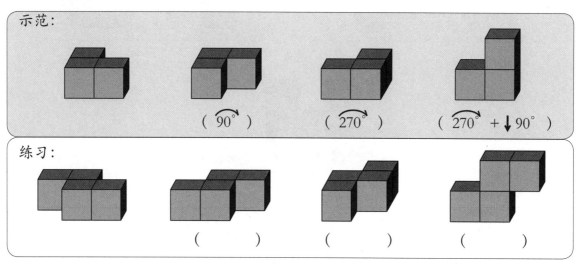

图5.3

变换操作可以是一步变换——旋转或翻转，也可以是组合变换——将多种变换组合起来操作。图5.3中的符号（⤵270° + ↓90°）就是组合变换。

图5.4是更多变换判断的练习，变换可能是单一的，也可能是组合的。

练习：

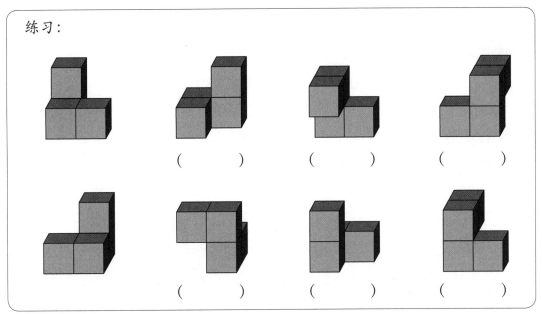

$$(\quad) \qquad (\quad) \qquad (\quad)$$

$$(\quad) \qquad (\quad) \qquad (\quad)$$

图5.4

组合变换　调整变换包括旋转变换和两种翻转变换，但不限制旋转与翻转的次序与次数，所以调整变换可以理解为将多种变换组合起来按一定顺序来实施，这就是组合变换。

实现同一形体的两个不同形状的变换方法不是唯一的。对于平面形状的堆块可以验证以下结论。

平面堆块的调整变换定理：

$$平面堆块 \rightarrow 180° = 平面堆块 \downarrow 180° + \overset{\frown}{180°}$$

还可以给出很多类似的定理。发现新的定理也是堆块几何研究的目标。

■堆块形体判断

更难的练习——形状填空：（ **3d** ）←90° = （ **3d** ）$\overset{\frown}{90°}$ 。

这种类型的判断示范如图5.5所示。

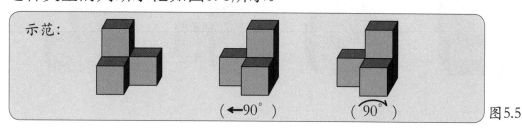

示范：

（←90°）　　（$\overset{\frown}{90°}$）

图5.5

练习：

（堆块1） $\overset{\frown}{90°}$ = （堆块1） ↓180°

（堆块2） →180° = （堆块2） $\overset{\frown}{90°}$

（堆块3） ↓90° + $\overset{\frown}{90°}$ = （堆块3） $\overset{\frown}{180°}$

请指出堆块1、堆块2和堆块3的名称，它们的初始形状是怎样的。

堆块1=（　　　　），堆块2=（　　　　），堆块3=（　　　　）。

5.3 堆块形状的关系

1. 旋转变换关系（图5.6）。

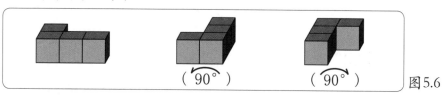

（↶90°） （↶90°）   图5.6

2. 翻转变换关系（图5.7）。

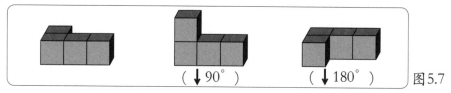

（↓90°） （↓180°）   图5.7

3. 组合变换关系（图5.8）。

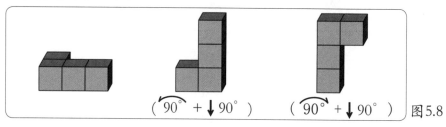

（↶90° + ↓90°） （↶90° + ↓90°）   图5.8

练习：图5.9所示的堆块形状有什么关系？

(1) ——(90°)——→ (2)

(1) ——(　　)——→ (3)

(2) ——(　　)——→ (4)

(1) ——(　　)——→ (6)

(　) ——(　　)——→ (　)

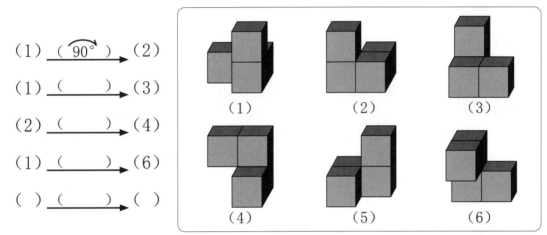

(1)　　　(2)　　　(3)

(4)　　　(5)　　　(6)

图5.9

练习：判断图5.10所示的堆块形状关系。

提示：判断这两个堆块形状是否来自同一个堆块。

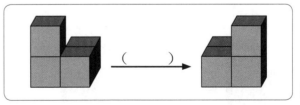

(　　)

图5.10

4. 镜像关系：一种形状与在镜子里看到它的形状的关系是镜像关系，如图5.11所示。

怎样得到一种堆块形状的镜像形状？

初等变换 旋转变换、翻转变换，还有旋转加翻转的组合变换，这些变换统称为初等变换。

利用初等变换可以得到某些堆块形状的镜像形状。

问题5.1：用旋转变换可以得到镜像形状吗？

这个问题答案是肯定的，V块就可以，而且方法不止一种，如图5.12、5.13所示。

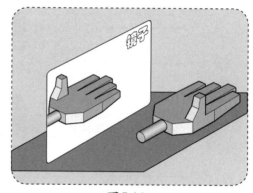

图5.11

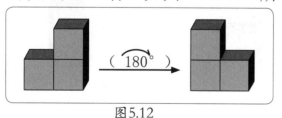

图5.12

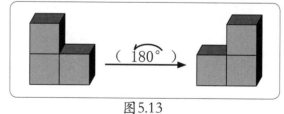

图5.13

旋转无法得到的镜像，如图5.14所示。

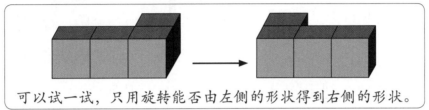

可以试一试，只用旋转能否由左侧的形状得到右侧的形状。 图5.14

L块的所有旋转图，如图5.15所示。

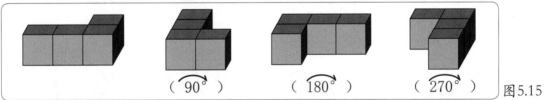

（ 90° ）　　　（ 180° ）　　　（ 270° ） 图5.15

翻转可以得到L块的镜像图，如图5.16所示。

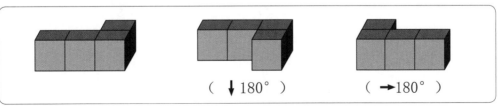

（ ↓180° ）　　　（ →180° ） 图5.16

图5.17是lh块和rh块的
形状，这是两个不同的堆块。
可以验证下面的定理。

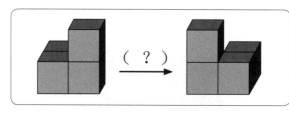

图5.17

左右手异体定理 利用初等变换不能从lh块得到rh块。

对于有些形状来说，它的镜像形状和原像来自同一形体，可以通过初等变换得到；而对于另一些形状，不能够通过初等变换从原像得到，如图5.18所示。

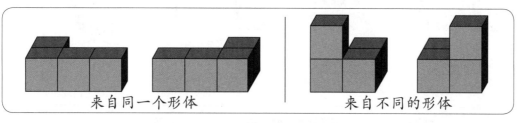

来自同一个形体　来自不同的形体

图5.18

比较图5.19中的四个堆块形状，思考如何得到它们的镜像形状。

通过比较和分析我们发现，V块和3d块的镜像形状通过旋转就可以得到，L块的镜像形状通过旋转无法得到，必须经过翻转才能得到。图5.19中的rh

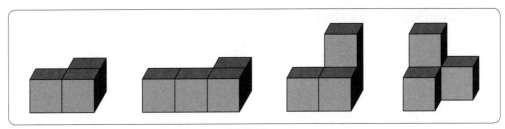

图5.19

块形状的镜像，无论旋转还是翻转都无法得到，这说明rh块的镜像形体不是自身，而是lh块，不能通过初等变换得到，必须通过制作来得到。这个事实说明形状之间的镜像关系不都是**初等变换关系**，有可能是两个形体之间的关系。这与形体自身的对称性有关。

5.4 堆块形状的思考与想象

　　人们可以动手操作，随意地旋转、翻转堆块。但是，在头脑中想象这些旋转与翻转后的形状，进而思考、判断和设计却不是随意的。只有经过练习，不断提高空间思维能力，才能达到随意的状态。

　　对于任何形体来说，当我们观察时，所看到的都是该形体的某种形状。判断不同的形状是否来自不同的形体，既是一种空间思维能力，也是堆块几何研究的一个基本问题。请判断图5.20中有哪些不同的形体。

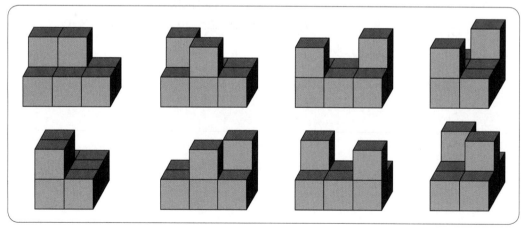

图5.20

解决堆块几何的命题需要对堆块形状进行思考与想象。请看下列命题的分析过程。

命题5.1

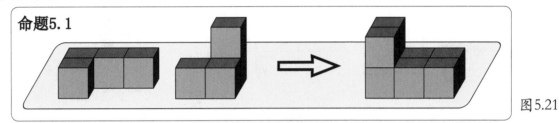

图5.21

如果**L**块按图5.21所示的形状放置，那么无论对 rh 块进行什么样的初等变换，都不能摆出两层的**L**块形状，如图5.22所示。

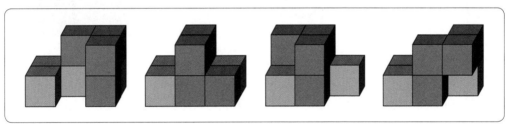

图5.22

如果对L块实施翻转变换，然后再对rh块进行适当的初等变换，就可以得到需要的形状，如图5.23所示。

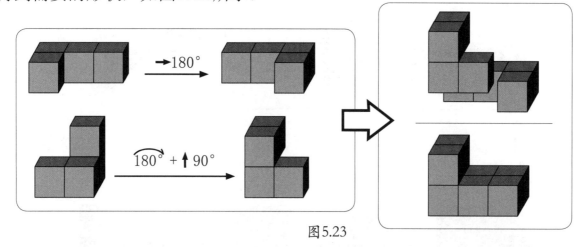

图5.23

前文提到的调整变换是针对单个堆块的初等变换，在头脑中想象堆块的调整与摆放就是在进行空间思维，解决堆块几何命题就需要这种空间思维能力。

下面是更多需要思考与想象的命题，如图5.24和5.25所示。

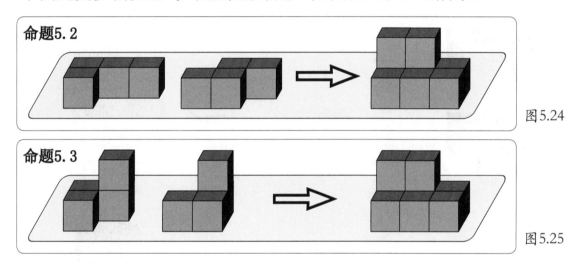

图5.24

图5.25

图5.24和5.25中给出了四种堆块形状，用这些形状无法直接摆出命题所需要的形体，需要对这些堆块形状进行调整变换。请思考能够摆出命题的目标形体所需的初等变换。

通过思考和形状调整操作摆出目标形体的过程就是堆块几何命题的证明过程。关于堆块几何问题与命题的深入研究将在下一册展开。

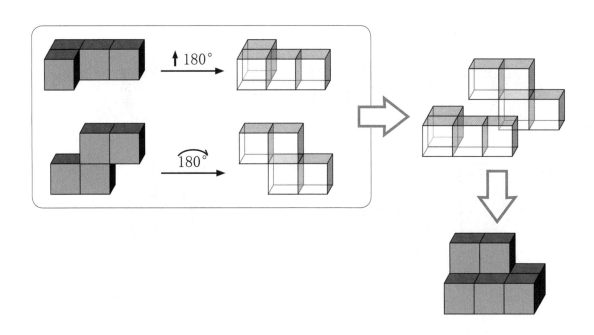

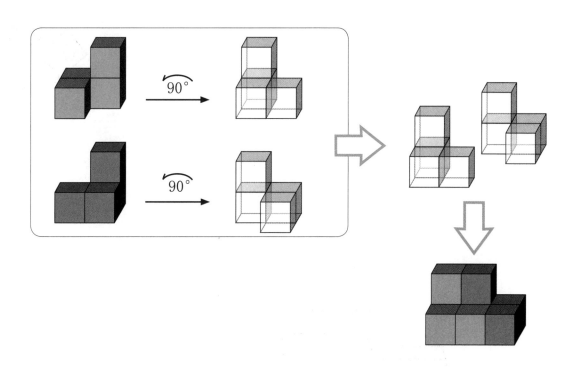

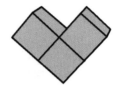

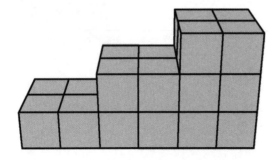